伊能静

美しい教主様

目錄 CONTENTS

✈ 目錄 CONTENTS

用閱讀村上春樹
的心情 來閱讀我的保養品

好喜歡村上春樹的書，每次他出書，我就覺得自己好像又能好好活一陣子。而因為村上春樹的書節奏感很強，生活感也很細密。因此肚子餓或想旅行的時候，千萬不要隨意的拿起他的書來讀，否則肯定會讀著讀著，肯定會超想吃高卡路里的義大利麵，又或者是在大白天喝單一純麥威士忌酒喝個爛醉。至於對生活現況有遺憾的人，只怕會做出錯誤判斷，立即請辭不顧一切的閃人遠走高飛，留下一堆現實問題待解決。

那到底甚麼時候適合讀村上春樹呢？

我認為絕對是是泡澡、保養、 敷臉兼喝蔬果汁的時候！每次敷臉讀他的書，然後手還賤賤的，一邊把在臉上翹起來一點點的面膜紙推平，那一刻真的覺得自己身心皆美。就好像村上新書東京奇譚集裡曾用過的一句話：具有魔術性的光！當我乖乖泡好澡、敷好臉擦上保養品，然後睡的安穩時，第二天醒來我的臉也會出現村上說的那種魔術性的光喔！而且這個道理在我十三歲那一年就明白了！

生下來就開始保養

有人說太早保養對皮膚不好，這完全是錯誤的觀念喔！事實上全世界的皮膚科醫師，都會在自己的小寶貝還是小嬰兒要外出時，就為他或她抹上防曬油，盡量避免被陽光照射。也會在常摩擦小褲褲的肌膚處，建議父母要幫小寶貝們擦滋潤的嬰兒油，可見我們一生下來就在保養了。那麼為甚麼當我們接觸外在環境越多，身心壓力越複雜，賀爾蒙分泌越不穩定的青春期，我們卻怕給肌膚負擔，而放棄保養呢？

小時候好愛咬嘴唇，常常咬了以後還會偷偷拿手撕。有一次和同學逛夜市，小攤子的老闆娘看見我微微血絲的嘴唇，就推薦護唇膏要我買。那時不要說保養，就連漂亮都沒有概念喔！但是當我打開蓋子聞見草莓口味，就忍不住被草莓的氣息給迷惑，莫名的便拿零用錢買了一支。第二天擦在嘴巴

Preface Magic of Beauty

上，照鏡子看見亮亮的又好舒服，還有草莓香香，就下定決心要每天擦，後來身邊的同學幾乎人手一支，大家都要亮亮的又不乾裂，而且因為味道不好吃，我還改了咬嘴唇的習慣。這應該是我的第一個保養品吧！在我小學的時候。等到了國中，媽媽給了我一罐她不用的嬰兒乳液。我擦了以後，第二天覺得以前用肥皂洗臉的兩頰，好像沒有很緊，於是我開始天天用。班上同學只有我上課時臉油乎乎的，可是真的就覺得臉很舒服，那時純粹是因為感覺，而不是從視覺上好不好看來考量的。

　　還有家裡的洗髮精也都一直是一家人一起共用。有一次媽媽從日本帶洗髮精回來，味道好香，第二天頭髮好像比較不黏，還滑滑亮亮，就變得好喜歡洗頭髮，而且很珍惜，怕一下就用完了。現在想一想，這都是保養的啟蒙喔！也因為每次用了甚麼比較講究的就有感覺，於是我開始自己買乳液、洗面乳，也踏上了我積累美的知識的路途喔！所以保養一點都不怕早，只要用對保養品，就能幫助我們及早抵禦外在的環境及皮膚本身的問題。

　　沒錯！生下來就保養！一點也不誇張！

用適合的保養品給適合的皮膚

　　在我買保養品時，我遇到最大的問題，就是這麼多保養品品牌，我哪知道哪一個好？記得從台灣轉學去日本，陪媽媽逛孔雀超市時，媽媽要我去買洗臉的。我走到洗臉的架前幾乎傻眼，一大堆的洗臉產品全放在一起。我問店員小姐，她說架子上最少的就是賣的最好的，應該就不會錯了。我問媽媽，媽媽說廣告作很多那個應該就可以啦！我問身邊正在買洗面乳的高中女生，她帶著微笑說選一個喜歡的喔。可是我看的眼花撩亂，還是不知道該買哪一個。

　　我一直是大膽假設、小心求證的那一類女生喔！想要知道的事絕對要搞清楚不可！隔天下午放學，我就鑽到孔雀超市。看著超市架上比孔雀還要花俏的洗面乳們，我於是發揮了青春期無聊的好奇心，開始一罐罐的拿起來讀。真是不得了啊！有米做的、 有牛奶做的、有紅豆做的、有木瓜做的！有的是可以洗乾淨，有的除了洗乾淨還可以變白。反正每一罐上面都彷彿在對我喊著…我好！我好！我好！買我！買我！買我！最後在難以選擇的極端痛苦之下（太誇張啦！不過大家應該都有過這種煩惱過吧！）我買了紅豆酵素洗面粉。倒出來一點點粉末，還有點紅豆味，很奇妙的是，別的同學有些都在長青春痘、粉

刺，我卻沒有太多困擾，不知道是因為我有乖乖洗臉，還是努力求是的精神呢？後來才知道那罐紅豆粉有去角質的功能，每次洗完臉擦上乳液，正好幫助吸收，誤打誤撞，卻讓我明白了用適合的保養品給適合的皮膚這件事，是保養一切的根源！

　　也是從那個時候開始我選任何東西，都習慣看它的說明書、內含物、還有品牌，一直到上了高中，保養已經是每天必備的課程了！
適合的保養品＋正確的使用方式＝天下無敵美肌女！

　　等到開始進入藝能界，濃妝、壓力、吃不定時、睡眠不足，皮膚又開始進入大恐慌期，某一天卸了妝，發現顏色蠟黃、表面乾糙、鼻子毛細孔擴張！天啊！一向以皮膚為自豪的美肌公主，當場翻出所有買來的面膜狂敷！美白、亮澤、保濕、縮緊毛孔，可是不管怎麼保養，卻一點改善也沒有，比較恐怖的是，從來不長青春痘的我，竟然下巴、鼻子都長了又大又硬的豆豆，最後只好美容沙龍、皮膚科到處問診，才發現原來好多保養品的使用方法根本不對！

　　像以為皮膚油就不擦保濕，像長痘痘的地方就拼命擦吸油的痘痘膏，結果卻外油內乾，像美白拼命擦卻沒去角質等等，這都是用了卻沒有發揮功效的用法，於是我痛定思痛，決定從公主自動定下目標變身教主，畢竟錢也花了，心也用了啊，擦了半天無效，是不是太暈了！
村上春樹、王小波、馬奎斯、卡爾維諾與DE MON、
雅詩蘭黛、佳麗寶、資生堂 相親相愛於是有了內外兼修。

　　如果我們的心要美麗，為甚麼努力外在的美麗就是膚淺？
　　如果我們的心已經美麗，那麼外在的美麗是不是就更需要努力？
　　內外兼修……內在飽和、外在閃亮……。
　　最後要提醒各位姊妹們，雖然教主已經盡力的為大家謀福利，不過如果肌膚真的問題很大，或是很容易過敏，畢竟在這裡的都是個人經驗，不一定適用於每一個人，所以有問題，還是要看醫生喔！

各位姐姐妹妹們！！教主開教！！一統美麗江湖！！
美麗密笈，要用心修練喔！！！！

解開五大皮膚類型之謎

　　我們的皮膚一般都是根據表皮含水量的多寡，還有及皮脂腺分泌的旺盛程度，分成油性、中性、乾性、混合性肌膚以及敏感性肌膚。油性肌膚的人或常長青春痘的人，一般是要非常注意日常的清潔工作，不要用太過油膩的保養品以免引起阻塞，適量的使用收斂或保濕化妝水即可。而中乾性肌膚的人則需要使用保濕的乳液或鎖水型的精華液來留住皮膚的水份。因此認識自己的膚質，對保養方式及成分有很強的求知慾，才是做好保養的第一道功課。

I、乾性肌膚

　　洗完臉後兩頰很容易有緊繃感。不立即擦上保養品，就會有皮膚拉緊甚至冬天脫屑的現象。笑起來很容易出現細紋，到了熟齡之後表情紋也比較深。而肌膚毛細孔較細、表皮比較薄，所以臉上血管絲等都很明顯。乾性肌膚的妹妹們因為缺乏水份所以肌膚的彈性會比較不好，每天洗完臉都要記得立刻補充保濕鎖水的保養品來滋潤肌膚，然後還要是季節及環境的變化加強補充油性面霜或精華液。以維持皮脂膜的功能，並且減少水份蒸發。平常更要加強防曬避免陽光的損傷。

乾性肌膚基礎保養程序
清潔→去角質(一週1次) →化妝水→精華液→眼霜→乳液或乳霜

　　乾性肌膚的妹妹們可以選擇用卸妝油來清除彩妝。在洗臉時則選擇無刺激性或者是不起泡沫的乳液狀洗面乳。盡量不要用顆粒式的去角質產品。保濕是乾性肌膚的重點，多選擇能保水的潤膚乳液，乳霜也要用較為滋潤的類型，讓皮膚一直保持潤澤減少乾燥。到了熟齡不要忘了還要注意眼部皺紋或八字紋的產生。乾性肌膚的基礎保養，到了20歲以後就應該要開始擦清爽型的眼霜，才能防止眼周的細紋過早出現。

II、中性肌膚:

　　有健康的抵抗力、膚色均勻、不油不乾,水份與油脂分泌正常,皮膚細緻有彈性,柔嫩且有光澤感。洗完臉後即使不擦保養品也不會感覺有任何的不舒服。一般來説中性肌膚的人只要在洗完臉後使用一般保濕乳液留住水份,然後針對部分需要加強即可,不需要再額外的使用油性霜狀類保養品,以免反而阻塞毛孔。

III、混合性肌膚

　　T字明顯出油,尤其是鼻頭常常從毛細孔沁出小小的油粒,但兩頰在洗完臉後卻又感覺緊繃且偏乾。下巴有小小的黑頭粉刺,這就是混合性肌膚。混合性肌膚融合了油性與乾性肌膚的特質,在使用保養品時應該要T字控油,而臉頰的U字部位卻保濕,保養品應該選擇兩種不同的成分,乖乖的分開來使用,才不會乾的更乾而油的更油。

> 混合性肌膚基礎保養程序
> 清潔→去角質(1週2~3次,集中在T字部位)→化妝水→精華液→
> 眼霜→乳液或乳霜

　　混合性肌膚在清潔洗臉時,應該先將泡沫抹在出油的地方,例如額頭、鼻子、下巴及耳後等較容易出油的部分。而乾燥的部位只要輕輕帶過,最後清洗就好。在洗完臉後,要立即在乾燥的部位加強保濕。也可以嘗試用冷熱水交替洗臉,用溫熱水將T字部位清洗乾淨,再用冷水將整個臉部清洗完畢,效果更好。

IV、油性肌膚:

　　T字部位很容易出油,夏天時汗水與油光亮晶晶的

冒在臉上，就算乖乖洗臉沒多久，肌膚卻又開始出油，即使是卸妝洗臉清潔後，在一般情況下都不須要立即使用保濕乳液，因為身體會快速補充洗去的皮脂。從視覺上能明顯感覺皮脂腺和毛孔都特別粗大，黑頭粉刺也比較多，很容易長痘痘且留下痘疤，肌膚酸鹼質也比一般肌膚不平衡。唯一的優點是不容易產生皺紋，要記得在控油的同時，不要過度反而內油外乾，飲食要多注意，保養品以清爽為主，太複雜的成分不要使用。

油性肌膚基礎保養程序
清潔→去角質(一週2~3次) →化妝水→眼膠→乳液

　　清潔卸妝時最好使用卸粧乳，避免用卸妝油等類型的卸妝產品。卸妝後以洗面乳清洗一次，然後拍上爽膚水或收斂水，讓毛細孔收斂。洗面乳應該盡量選擇清爽、不油膩且泡沫柔細的類型。用微溫的清水洗臉洗淨力較強，還可以幫助油脂的清除。若真的太油可以使用控油化妝水，能幫助抑制皮脂分泌，也可以在皮脂分泌旺盛的部位，用收斂化妝水來改善油脂分泌，在選擇保養品時，一切都要以清爽型為主，避免太滋養而阻塞毛孔。

Ⅴ、敏感性肌膚

　　敏感性肌膚大致上可以區分為先天型與後天型。先天型有些是受到遺傳基因的影響，幾乎可以說是與生俱來的敏感性體質。常常有紅腫微熱或血管發炎的現象。也因為微血管擴張，常常臉部都是感覺紅紅的的紅潮。敏感性肌膚的妹妹們應該要更重視肌膚的保養，以增強肌膚的免疫力。後天型的形成有很多原因，飲食、保養品成分、化妝品成分、氣候、內分泌、賀爾蒙的變化等等，甚至有可能原因不明，建議不妨去做一個血液檢測，像教主後來才知道教主對鳳梨過敏，也是抽血檢查出來的，而在使用保養品時一定要先在手上及耳後測試，不要掉以輕心。

做好正確的基礎肌膚保養 然後進階個人需求！

基礎保養的步驟：

Step1—清潔：　　　包括卸妝及洗臉

Step2—化妝水：　　化妝水不可以用來代替保濕步驟，但如果很快擦上乳液，也可以跳過。

Step3—保濕：　　　精華液或乳液

Step4—眼部護理：　眼霜。若放在之後擦則要注意，日晚霜的營養不要帶到眼睛上一起塗抹，會太營養

Step5—日霜、晚霜： 白天醒膚、夜間修補

Step6—日間防曬：　包括SPF15、25、50及PA+++等。

這是基礎保養的程序，如果有個人需求，則還可以加強美白、青春痘、抗老化等保養品。

若要更仔細一些，則可以再個別晉級：

洗臉→去角質→按摩→敷臉→化妝水→眼霜→美白精華液→保濕乳液→抗皺提拉精華乳→日晚霜→護唇膏→白天隔離霜→防曬乳液

從生活開始

　要讓基礎保養發揮功效，記得要減少外在因素對皮膚的破壞。

　例如紫外線的曝曬，一年四季都應該擦上防曬油。還有避免騎摩托車時的風砂刮在臉上。盡量不要抽煙不要喝酒，攝取充足的水份與均衡營養的飲食習慣，每天適度的清潔，基礎水份的保濕與滋潤，還有最重要的就是保持好心情，才不會內分泌或賀爾蒙紊亂！

1、教主的好皮膚是因為很昂貴的保養品
及有專人在幫忙保養嗎？如果我們消費不起怎麼辦？

教主傳教

生活習慣大檢查

　　好多人說教主皮膚好，但聽了教主的生活習慣，就會搖頭說自己做不到，然後繼續埋怨自己的皮膚不聽話。其實不管妳擦了多貴多好的保養品，若不能從生活的細節裡去照顧自己，那麼保養品的功效就不是加分，而只是不讓妳在消耗的狀態裡耗損太快。所以先乖乖檢查妳的個人習慣，看能改變多少，才是美麗的第一步。

　　首先，妳抽菸嗎？是不是認為曬不到太陽或冬天的白天，出門就不擦防曬油？如果是外食族沒辦法營養均衡，有沒有攝取適量的維他命呢？已經經常熬夜卻還睡眠品質不佳，是不是生活壓力大又不會替自己減壓？明明火氣很大卻還是要吃辣的食物，而皮膚已經很乾了，卻還菸酒不離手？

　　誠實的去面對自己給自己身體製造的問題，檢查自己的生活型態是不是夠健康？這比妳用任何的保養品，都還影響更大。

　　像教主如果必須熬夜，一定會在睡前讓自己放鬆洗個溫水澡，保證已經不足的睡眠又深又沈。如果吃的很不營養，我一定會攝取大量的水果及每天補充維他命。就算夏天再熱，也盡量避免生冷的飲食，而辣及煎炸的刺激性食物，一個月過一次癮就很好。由於長期的清淡生活，所以才養成了好膚質，也因為身體很乾淨，所以擦保養品特別好吸收，所以各位美麗的妹妹們，一定要先檢查自己的生活態度，不要一直怪妳的保養品擦了沒用喔。

2、新的成分越來越多，每一種都強調它們的好處，我該怎麼選擇適合的成分？

用功、好奇　終成美麗教主

　　現在的成分的確日新月異，可是教主卻認為這是一種進步喔！因為以前我們在買保養品時都只注意廣告，廣告上說美白、保濕、抗老，我們也就全部相信了。

　　可是這兩年來因為大家都越來越在意保養品裡面到底含有甚麼？於是廠商們也開始認真的標示。

　　因此教主建議大家多多上網、看書、找資料，一定要為了自己的美麗鍥而不捨的尋找出自己適合的成分，到專櫃買化妝品時，不要只問自己想解決的問題，而是多問問現在流行的那一些成分，能解決的問題是甚麼？在皮膚科求診時，也多詢問醫師開出的配方有哪些內容？更重要的是，說明書至少要乖乖的看一遍，聽起來好像很麻煩，但其實只要煩一次，像教主瞭解了成分的意義，在買保養品時幾乎都不需要太多的諮詢，反而縮短了逛街、尋找、聽專櫃小姐推薦的時間。

　　瞭解自己膚質的需要、多試試不同配方、多跟專櫃拿一些想嘗試的試用品試在手肘上或耳後，然後才抹在臉上，經過一週觀察，就會發現這個成分的價值，教主最近迷上六胜肽，針對細紋真的超有效，大家也可以試試喔。

 3、別人用保養品都很有效，我卻怎麼樣也無法改善自己的問題，到底為甚麼呢？

教主傳教

一步一步來 一次解決一種問題

　　想改善肌膚的問題，應該要先想清楚，到底自己是想抗痘還是保濕？預防老化是想要緊實還是增加彈性？想要全臉美白還是去除小斑點？要清除毛孔粉刺還是除皺？

　　當然很多的保養都有連帶關係，但畢竟沒有一罐保養品是萬能的，而美白、抗痘時皮膚很容易乾；保濕、抗老時又擔心過度滋潤，因此搭配使用，不要過與不及的使用是很重要的。先從自己最在意的問題下手，一個問題一個問題慢慢解決，才不會反而浪費時間和金錢。

疑難雜症
大考驗！
教主解惑！

4、現在很流行所謂的有機植物保養品，強調不含香料、添加物或防腐劑，是不是對肌膚比較溫和不刺激？

天然、生化各有各的好

　　教主也有使用類似的有機保養品，尤其是精油類型。雖然這樣的立意是可以自然環保、不污染環境，但對長期暴露在壓力、空氣、生活習慣、化妝等傷害下的肌膚來說卻不一定適合，防腐劑的存在其實也有它的價值。

　　因為每天我們都會打開保養品使用，並且反覆的用手指做挖取的動作。這時保養品本身是很容易受到手指的細菌或空氣的髒污等污染而變質的。

　　於是防腐劑在此時就可以發揮它的功能，避免保養品成為

肉眼看不見的細菌的培養皿。

　　畢竟和防腐劑比較起來，被污染的成分更容易過敏或變質。所以大家不要恐慌，如果妳是自然派，可以選用包裝量少一些的精油類有機保養品，因為精油還是有殺菌的功用，並且盡早用完。而其餘使用生化科技類產品的妹妹們，只要記得打開保養顏蓋前要洗手，最好有習慣用附贈的挖棒，用完後立刻蓋好，而使用期間沒有任何問題，就是適合妳的保養品。

疑難雜症
大考驗！
教主解惑！

5.選擇產品時，除了成分、膚質以外還應該要注意些甚麼呢？

教 主 傳 教

環境及生活

　　首先是季節的變化，在春夏秋冬不同的溫度及濕度裡，我們的肌膚都會改變它的出油量及保水量，而使用的部位也應該要非常仔細的劃分，像眼部要除皺、臉部要保濕、兩頰要緊緻提拉等，不同的部位有不同的需求。

　　然後是年齡，青春期、中年期、老年期的膚質，都會因為賀爾蒙的分泌及新陳代謝的改變而完全不同。觀察自己的肌膚年齡，年輕人也有可能肌膚老化，而成年的人也有可能因為保養得宜所以很青春。面對肌膚年齡的變化，隨時加強補充都很重要。

　　再來就是生活環境的變化。現代人常常旅行，從一個城市遷移到另一個城市，而我們所居住的國家、都市、緯度、氣候都會影響皮膚的變化。

　　還有就是工作性質，有些工作必須熬夜、有些則必須在油煙程度高、污染性比較重的狀態下工作。也有很多上班族外勤要天天忍受日曬雨林，更有交際性的工作必須活在菸酒裡。因此如果對方跟妳的工作性質完全不同，她介紹的保養品便不一定對妳適合，多聽、多嘗試、多交換心得會更好。

Proper
make-up
removal

卸妝卸乾淨
　　臉部亮晶晶！

臉上彩妝沒卸乾淨，也就是基礎清潔沒做好，就算擦甚麼都沒用喔！而且化妝品的殘餘色素真的很恐怖，會慢慢的沈澱在皮膚裡及眼周。因此卸乾淨、洗乾淨幾乎是每位女星都強調的重點，教主也是再累都要卸妝的！

不過卸妝卸的過與不及都很容易會傷害皮膚。妝卸卸不乾淨，在臉上殘留的油脂以及粉末很可能會阻塞毛細孔，嚴重的話有可能造成發炎、長青春痘或者是過敏，而妝卸得太用力或洗臉洗洗過頭也是不行的，過度去除臉上的角質層，有可能引發紅腫、發炎或者是使皮膚表面的油脂變少而讓皮膚變乾燥或緊繃，使得皮膚的自我保護能力降低。

現在好多人都在問，有時候沒有化妝，可是因為空氣不乾淨或者夏天臉部容易變髒，這時候到底該不該使用卸妝油？醫生的建議是：如果擦了粉底或者是有顏色的彩妝品，不論是濃妝或淡妝，都應該要卸妝。

而夏天大家都會使用防曬用品或者是有潤色功能的隔離霜，像物理性防曬產品的成分含有二氧化鈦，是一種粉體，必需要卸妝才容易清除。而防曬係數愈高，或強調具抗水、抗汗功能的防曬品都會比較黏稠，而且會緊貼在皮膚上，就更需要做卸妝的動作，以免造成毛孔阻塞。現在市面上已經有專門卸除防曬油的清潔產品，也是一種選擇。而如果妳只是臉上一整天下來沾染了灰塵、流汗或者是少量的油污，那就只需要選擇使用適合自己膚質的洗臉產品就可以了！

而要知道卸妝產品適不適合自己，有個很簡單的小檢測喔！在卸妝、洗臉完成之後約10分鐘，可以摸摸臉頰，臉頰摸起來是清爽、不油膩，而且光滑、不過度乾澀，就是最好的狀態，也表示所用的卸妝、清潔產品適合自己的膚質。

有很多人都會問，卸妝油中所含的礦物油成分，到底會不會引起青春痘？而皮膚科醫學界對這個說法還有很多不同的看法，在過往青春痘相關的研究報告中發現，保養品裡如果添加了礦物油，並且長時間的停留在皮膚上，的確會導致某一些皮膚類型的人長青春痘。可是現在也有一種說法，就是添加在卸妝產品裡的礦物油，其實停留在臉上的時間很短，而且大部分的人都是卸完妝立刻清洗臉部，所以應該還不至於引起痘痘。但是如果礦物油的純度不足或者是卸妝產品中的礦物油純度比較低、混著雜質，就會增加過敏的可

能，而常見的情況是引起粉刺，所以如果妳還是對礦物油有疑慮，或者妳不幸就是會引起痘痘的那一類膚質，在選擇產品的時候，則可以盡量選擇純植物系列的卸妝油，現在不添加礦物油的卸妝產品越來越多，大家在購買時記得仔細看看說明喔！

聽 教 主 指 令

不准沒卸妝就睡覺！快起床！！

臉部卸妝手法要輕柔

　　卸臉妝時，手的姿勢要順著臉部的肌肉按摩，常看到美眉們卸妝時亂搓，還很用力，超恐怖，其實力量大小和卸的乾不乾淨一點關係也沒有，反而輕柔的按摩還能活化肌膚。通常教主會卸兩次，包括輪廓邊緣到頸部的部分。之後用洗臉產品及冷水洗臉。謹記就算天氣再冷，也絕對不能用熱水洗臉喔！

唇部要按摩

　　有人卸唇部的時候，會將嘴唇嘟起來卸，這是個很不好的習慣。嘴常嘟起來，唇周容易產生皺紋。嘴角上揚，面帶微笑的卸是最好的。想想一天的工作終於結束，而洗好臉的這一刻的自己乾乾淨淨，應該就可以放鬆，笑容就會自然浮現了！

　　卸嘴唇時，卸妝油不要吝嗇，厚厚的抹好，然後用無名指打圈狀的按摩卸除，不要拿卸妝棉野蠻的來回擦拭喔，會增加唇紋還有可能破皮，用手指卸比較輕柔。

　　千萬不可將唇膏糊到臉上，唇膏的色素重，對臉部肌膚很不好呢！

卸妝產品派系大公開

　　1.卸妝油一如果妳的工作類型是屬於需要化濃妝的工作，而臉上的彩妝又常常補了又補，就很適合用卸妝油。

因為這些持久及遮蓋力很好的彩妝都比較厚重，有些還會有防曬及防水的功能，而油溶性的產品能輕鬆的除去濃厚彩妝，卸的很乾淨。不過教主不建議直接使用在眼部或唇部，因為萬一跑到眼睛裡，眼睛就會油乎乎的很不舒服。建議還是另外使用眼唇專用卸妝液比較好喔。

使用方法很簡單，只要雙手乾燥時倒在掌心，然後塗抹於臉上使用。再配合按摩法清除臉上彩妝後，用清水清洗。乾性膚質可以不需要再用洗臉產品，油性肌膚的人要注意盡量選擇不會容易堵塞毛孔的成分。

II.卸妝霜、卸妝乳、卸妝凝—比較適合年輕肌膚、淡妝或臉部肌膚比較容易出油的人。卸妝力比較弱，摩擦在肌膚上比較久，如果還要配合洗面乳洗淨或用卸妝棉卸除，就記得卸的時候一定要手法輕柔。就算用卸妝棉擦拭的時候，也要按著肌理，不要一陣亂擦，尤其熟齡肌膚天天拉扯，會鬆弛更快。

教主通常會在用較油的卸妝霜卸完妝後，用清水洗一次臉，然後直接用去角質的產品去角質，如此屬於中乾性肌膚的我，就能在肌膚保持一點油脂的狀態下去除肌膚角質層，然後才用沒有泡沫的乳液狀洗面乳洗臉，並且洗完後立即擦上保養品，皮膚一定亮晶晶喔。

III.卸妝巾、卸妝棉—方便攜帶不會外漏，能卸除局部，在眼唇處可以卸的比較仔細，是這類型的優點。因為是直接塗抹，所以也不會有用太多的擔憂，所以對於皮膚的刺激性較低。但有一些卸妝紙巾會含酒精，對敏感性肌膚、乾性肌膚或是有傷口的皮膚就必須小心使用。而在卸完妝之後，要立即用洗面乳洗去，避免停留在肌膚上的時間過長，而棉絮太多或者紙巾太乾，還有紙巾的質料太粗厚，都是在購買時的考量，記得最好要選擇不留棉絮，紙巾上的卸妝乳液要夠多，還有紙巾的表面質材柔細，擦起來幾乎沒有感覺在摩擦肌膚的才是較好的。

溫柔卸出美美肌！

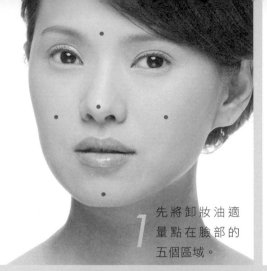

1 先將卸妝油適量點在臉部的五個區域。

2 循著兩頰以打圈狀由內至外、由下往上的方式按摩。

3 鼻子的部分直線來回輕揉、鼻翼的部分以中指打圈狀一直按摩到鼻尖。

4 下巴以大反圓圈的方式按摩一直到耳下。

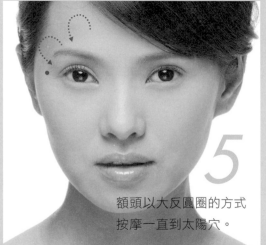

5 額頭以大反圓圈的方式按摩一直到太陽穴。

6 最後整臉按摩一次。

教 主 愛 用 貨 架 展 示

超貴婦－La Mer淨妝凝露

溶解力強也很乾淨，剛洗的時候沒有特別感覺到甚麼，可是用完一罐下來，卻能明顯感覺皮膚變細緻，這個品牌給人感覺一直很頂級，但想到能兼具保養功能，就很值得。

抗氧化、乾性肌 —植村秀綠茶潔顏油

教主有時太忙就很懶，常常希望能卸快一點，好多一點時間睡眠。所以一直以來都喜歡卸完妝後，皮膚還是有滋潤感的卸妝油。在教主使用那麼多水溶性的卸妝油中，這一款是我多年來一直持續使用的。卸完感覺很濕潤，再乾燥的國家也一樣，綠茶成分也許吸收的很少，但天天卸還是能幫助抗氧化，有時就算沒化妝，回家還是會先卸一次，才用洗面乳清潔。

告別毛孔阻塞—AHA柔膚卸妝乳

牛奶狀，能卸除濃妝與睫毛膏。含有水果酸、木瓜蛋白酶，雖無顆粒但卻可以同時去角質。不一定適合皮膚薄與乾性皮膚。而教主皮膚薄，對果酸成分又很敏感，因此，只在感覺臉部皮膚暗沈時，做第二次卸妝用。用完沒有黏膩感，價位便宜，推薦給油性皮膚者。

乾燥熟齡肌—La Crame泡沫慕絲卸妝油

　　含有玻尿酸及7種花草類植物精華，適合乾性皮膚、淡妝、不喜歡卸妝時太油的人。擠出來時就是泡沫，能很均勻的抹在臉上。抹開來後會化成油狀，教主超愛它超強的柑橘芳香，太累的時候，一邊卸一邊聞香味心情立即明朗。

手濕濕的也OK、懶人專用—NAVIA橄欖卸妝油

　　每當太累時，就會希望能有適合一邊洗澡洗頭、一邊卸妝的產品。但現在市面上的水溶性卸妝油，都是需要手部乾燥時使用。而當教主發現了這款可以碰水、不會乳化的卸妝油時，簡直欣喜若狂！買了好幾支存著。粉紅包裝很可愛，卸的很乾淨，一點也不乾澀，現在家裡每個浴室都有一支。

臉部、眼部一次搞定－Softymo美白卸妝油

　　現在很流行亮粉妝，但色素粒子很細，很容易沉澱。而這瓶卸妝油可以淡化色素，還有輕微去角質的作用。沒那麼有耐心的人，它不但可以卸眼妝，也可以全臉使用，教主出國必帶。

乾燥肌用－Shiseido資生堂水淨化潔顏油

　　當教主到一個新的城市，住在飯店時，皮膚都會因為冷暖氣和空氣的乾濕度，而變得皮膚很乾，還曾經試二十幾個小時沒卸妝的經驗。每遇到這種狀態，我就會選用這款比較油的潔顏油。卸妝的過程裡就可以感覺到滋潤的功效。

四合一超方便－Bioderma 法國貝德瑪舒妍高效潔膚液

　　集卸妝、清潔、化妝水及保濕的功能於一身，凝水狀不黏不油，適合常常改妝或修補妝容的人局部重點使用，空中小姐能在疲憊的長途飛行後，輕微擦拭乾燥的花妝再補妝，比較不傷皮膚。

溫和保濕－M.A.C.清爽潔膚膜

有一次參加他們的活動，身上畫了一隻用大量亮片裝飾的鳳凰，當時教主心裡想：「這麼多的亮片，卸妝紙一定卸不掉，就算是用卸妝油大概也要八百次吧？」但M.A.C彩妝師居然就拿這個給教主，説用這個卸得掉，「哇！這麼強效，卸完皮膚大概也爛掉了！」但就在邊卸的同時我邊感受到它的神奇，不但非常好卸還很溫和、保濕，最重要的是亮片都卸的乾乾淨淨了。所以如果妳是空姐，常常需要局部卸妝，或是常畫亮粉妝的人，就可以用這個。不但對於增長或防水睫毛膏、不掉色口紅完全OK，還因為很大片而用量省，是喜歡用棉花卸妝的人的另一個好選擇。

美白－Softymo美白卸妝紙

有美白的功效，卸妝同時去除黑色素，且保持肌膚的水分。總共有48片，包裝很可愛、小巧，如果妳想美白、又想卸妝、省錢、又不想買棉花、放在廁所裡又好看，就可以選擇這一罐。但請注意它不適合不掉色睫毛膏與口紅，所以如果妳是濃妝型的比較不建議使用，較適合學生族。可以再買一瓶卸眼唇的搭配著用。

一包38張 懶人專用－KOSÉ黃色新卸妝濕巾

一般我們選擇的紙狀卸妝品，都有不夠油的困擾，使我們在卸眼妝時，都會質疑，或感覺卸得不夠乾淨；但是這款很適合卸眼妝，因為是布狀的，有些人因為工作忙碌，卸妝的過程會覺得很麻煩，使用這款全臉可卸，是少數紙狀卸妝油中有油質感的。但是它的網狀空隙較大，因此在卸下眼瞼時，不要太用力拉扯，以免造成細紋。

Gentle
eye make-up
removal

小心翼翼、百般呵護
　比戀愛還要溫柔的
眼部卸妝！

大部分的女生都知道，眼部保養應該要與臉部做區隔，而卸妝當然也要分開！而且分開使用的年齡一定要趁早！曾經巧遇一位好可愛、好欣賞的新生代女藝人，約二十出頭的她，眼周不但有缺水的假性細紋，還有色素沉澱的深褐色黑眼圈。於是教主忍不住問了問她，發現她所使用的眼霜，都是價格和品牌等級很好的產品。但她的眼部卸妝品卻沒有與臉部區隔，不但每次都要很用力的搓揉眼睛才能將睫毛膏卸掉，卸完還會讓眼球霧茫茫的。這些不經意的小動作，是不管用多貴的眼霜都彌補不了的傷害！

在使用眼唇卸妝液前一定要先將油水混搖均勻，才倒在化妝棉上。倒的時候不要小氣，眼睛很容易乾燥及拉扯，用很多的卸妝液，可以避免太乾的卸妝棉直接摩擦肌膚。配戴隱形眼鏡者記得先取下隱形眼鏡才卸，免得化妝品的殘餘入侵。

用眼唇卸妝液時也要注意卸完妝後要迅速清潔，勿讓卸妝液停留在眼周太久，避免造成眼周肌膚暗沈。並且最好能立即在清洗後抹上眼霜，輕微的用手溫按敷，讓脆弱的眼周肌膚在卸妝動作中的拉扯能被舒緩下來。

教主自創眼部卸妝大法

卸妝的程序應該為：上睫毛膏→下睫毛膏→上眼影→下眼瞼→眼部尾端→唇膏→最後是全臉底妝。

而下眼瞼一定要最後清，因為有時我們眼部的彩妝會暈染在下眼瞼，慢慢變成色素沈澱，所以才最後清除下眼瞼。而眼部的尾端很脆弱，選擇單獨的輕輕卸，而不是與臉部一起揉搓，才不容易擔心魚尾紋的拉扯！

這一步驟是重點！

1.卸眼部時，先用一塊化妝棉滿滿的倒上化妝水，沒錯喔！就是化妝水！這是要用來隔離睫毛及下眼瞼不沾染的，但如果直接用卸妝油，被停留在臉上的時間太多，而化妝水不容易被有彩妝的肌膚吸收，還很清爽。倒好以後

將棉花貼在下眼瞼的地方鋪墊好。

2.如果妳是擦超厚睫毛膏的女生，此時可以再多一個動作，就是將卸妝油倒一些在大拇指及中指上，然後很輕很輕的沾在睫毛上按摩，讓增長纖維或厚重的色素表面先脫落，接下來的程序才不會讓妳卸到手抽筋都卸不乾淨。

3.將眼唇專用卸妝油均勻的到在另一片卸妝棉上，然後將卸妝棉捲折成一半，閉上眼睛放在睫毛的上方，先輕輕的按壓五秒，讓睫毛膏再一次溶解，接著沿著睫毛輕輕地往下推，直到乾淨後，再用棉花棒仔細的一根根最後一次卸除。

此時如果剛才墊底的棉花已經很髒了，記得換一片。

4.下睫毛的部分則是記得不要將眼皮往下拉，而是在眼尾的地方輕拉就好，然後用棉花棒，依然是一根根的仔細卸除。

5.卸眼影時不要來回沒有章法的隨便擦，要隨著眼皮由眼角往眼尾處打圈擦拭。最後將下眼瞼剛才鋪墊的化妝棉拿起來，然後用大量的卸妝液沾在卸妝棉上，將睫毛膏的殘屑及眼影的暈染徹底的卸除，記得手法一定要溫柔，最後用棉花棒沾卸妝液，在眼尾上下交接處輕輕的清一下，整個眼部的清潔就大功告成了。

這個方法的好處是卸眼睛的過程，完全不會讓睫毛膏卸到下眼圈上，也就不會有色素沈澱變成黑眼圈的可能，細心一點、麻煩一點，但卻很能保護到脆弱的睫毛和眼部的皮膚喔！

教 主 愛 用 貨 架 展 示

超清爽─RMK眼唇卸妝油

　　卸妝的產品質地濃厚度，是與上妝程度成正比的。如果妳只畫了淡妝，一點點粉底跟眼影，或是非防水的眼線，那麼這款就很適合。質地好清爽，使用完還會留下溼潤感，也很適合初學化妝剛入社會的新鮮人。

濃眼妝─Chanel香奈兒雙效眼唇卸妝液

　　這款油水分離的卸妝液，教主已經連續使用三年多了。使用前必先搖一搖讓油水結合。它不僅滋潤，而且卸妝力超強。濃厚的睫毛膏、防水型眼線、持久唇膏都不成問題，因此教主大力推薦。不論是上了整日的持久妝品，或是工作、拍戲和通宵達旦的派對濃妝，教主都大力推薦，讓肌膚感受瞬間潔淨的暢快感！

熟齡抗細紋─la prairie眼唇卸妝油

　　拍戲的時候眼部因為常補妝，最後常常會有輕微的破皮和刺痛，而卸眼妝時的拉扯，最容易讓眼角有細紋，當卸妝也需要特別滋潤時，我就會用這一款，價位比較高，但為了不長細紋，也很值得。

溫和兼保養─Talika舒緩眼周潔淨液

　　有的人會戴著隱形眼鏡卸妝，這種時候就需要不含油脂且溫和的配方。這個以眼部產品聞名的法國品牌Talika，溫和而不刺激，卸妝之餘也給睫毛滋潤養分，還有玫瑰精油順便保養眼周肌膚，很適合偏乾的眼周肌膚使用。

敏感肌膚用－Lancôme蘭蔻速效眼部卸妝水

　　適合眼周皮膚非常薄、血管絲很明顯、眼睛容易敏感的人。有時遇到沒時間慢慢卸妝的緊急狀況，溶解力超快的這瓶就發揮效用。常戴隱形眼鏡、眼睛很乾、但又愛刷大量睫毛膏的人也很推薦。像教主本身沒有戴隱形眼鏡，但有時候眼妝太濃，一整天下來眼睛很癢的時候就用這瓶來卸妝。

港星的最愛—laura merciceru眼妝卸妝乳

　香港的女藝人都很懂得保養，尤其是熟齡女星，這一個品牌是港星的最愛，能卸去很濃的眼妝，質地濃厚、不傷眼角，適合眼部肌膚脆弱的人。

不需清洗、直接補妝—KOSÉ膠原蛋白卸妝液

　　可以分裝成小瓶，當一整天下來眼妝已經脫落或花妝，尤其是適合經過長時間的工作妝都模糊了的空姐、模特兒。可同時卸眼、唇，但卻不需清洗，卸完十分清爽、乾淨，卸後抹一點乳液，就可以重新打底上妝，超方便！

防細紋超好用─防水睫毛ANDREA卸妝棉

共有六十五片，超好用。有一陣子教主為了拍廣告臉部有些曬傷，尤其在眼周下方好乾好乾，我想糟糕了，細紋一出現就不可能擊退，更何況又是最忙的時候、天天都需要化濃妝。當時我除了眼霜、眼膜不停的補救外，更想盡辦法要找出卸妝時最不傷眼睛的方法。後來在美妝店看到這一罐，就想姑且試之，結果卻超級好用，現在已經用上了癮。它的棉花很細緻，所含的卸妝油又多又油，而且圓形的棉片很好折疊，所以細部都能照顧，尤其卸下眼周好乾淨，濃裝、乾燥肌的人超推薦喔！容易長脂肪粒的人則要先試用看看會不會太油引起阻塞。

濃密睫毛膏剋星─Marie Claire睫毛卸妝乳

超愛！但台灣未發售！哀哉！愛美的女生應該在每個環節都要美美的，但是許多人卸睫毛膏時，似乎都胡亂瞎搓，使睫毛膏擴散開來，甚至更難卸。有了這款就能卸的很乾淨！先抹在睫毛上，待三十秒左右，再用化妝棉於上下面夾壓住睫毛，就能輕鬆拭除。

纖長睫毛膏剋星─Kiss Me "Active Girl" 睫毛卸妝油

這一款睫毛卸妝乳附有方便的小刷頭，轉開後直接輕刷過睫毛，完全不會讓睫毛膏沾染眼周，能避免色素沉澱。抹刷好後等三十秒再用棉花卸，就能完全卸除睫毛膏。還可以在刷的過濃睫毛膏結塊時補妝用。超聰明的發明！每天化妝包裡必備的聖品！

洗臉就是保養的
第一道程序！

First step to laving your skin face wash

教主在網站上看到這段話，忍不住想分享給大家：

如果妳從15歲至60歲每天兩次洗臉，妳一生至少洗臉32850次。或許它和妳相伴的時間比某個人都要長，所以慎重考慮選擇潔面用品，就是一件不可小覷的事情哦！

真的耶！洗臉對每個人來說有多重要，也是與我們臉部接觸最多的保養品，雖然洗臉產品的成分、價位高低、功能都有很大的差異。但以教主的經驗來看，有時候洗得太乾淨或買洗面刷來洗，不一定就是好事，反而有可能讓皮膚變脆弱。洗面工具一般比較適合角質肥厚或油性皮膚的人，皮膚薄、乾燥、敏感的人，還是用手洗最適合，比手的皮膚還細緻的洗臉工具這世界上還找不到喔，所以雙手萬能，千萬別買個小毛刷或潔淨布，就把自己的臉當麻辣鍋店的桌子刷啊！

現在卸妝油的功能都很強，所以只卸妝、讓臉乾乾淨淨之後再溫柔的洗一次，就已經很足夠了。從洗臉開始保養，這樣的觀念，姊妹們一定要有喔！

而洗臉一定要盡量洗冷水，尤其是過敏性及長了痘痘的肌膚。雖然有人認為，用熱水洗臉才能使毛孔充分地打開，進而達到清潔的目的。但是很多美容專家都認為熱水在擴張毛孔的同時，會使細菌繁殖得更快。所以使用流動的冷水洗臉才不會使痘痘或過敏的肌膚擴展的更嚴重。更何況冷水還有收縮毛細孔及緊膚的功效，所以教主是不管天氣多冷，就算零下三十度的北海道，教主也還是用冷水洗臉的喔！

Ⅰ、泡沫型洗面乳

混合型皮膚的妹妹們T字部位比較油，而臉頰部位一般則比較中性，也有一些是偏乾性甚至是敏感型肌膚。因此教主很建議大家不要偷懶，選擇兩種洗臉產品，讓皮膚在T字部位和臉頰部位能取得平衡。如果真的只用一樣，那麼夏天可以選用皂劑類洗面乳；而在秋冬季節，因為油脂分泌沒有那麼旺盛，就換成普通泡沫洗面乳。

Ⅱ、皂劑洗面乳

油性皮膚因為皮膚分泌油脂比一般人多，所以需要選擇一些清潔能力比較強的產品。而皂劑型的洗面乳去脂力強、容易清洗，洗後膚質感覺非常清爽。對於青春痘肌膚，還有生理期時賀爾蒙分泌旺盛的肌膚也很適合。

Ⅲ、溶劑型洗面乳

適合濃妝或者是長時間在乾燥油污的環境中工作者使用。這類產品是靠油與油的溶解能力來去除油性污垢，因為是針對油性污垢，所以一般都是用來做卸妝油或比較強效的抹擦拭清潔霜。

Ⅳ、.無泡型洗面乳

含有適量油份也含有部分表面活性劑，能溫和的清潔皮膚，比較不容易過敏，也比較能避免因為清洗過度而乾澀，是教主最喜歡的類型，通常可以用在溶劑型洗面乳卸完妝之後再一次清潔時使用。

1 先用温水沖洗，將第一層的外部灰塵及髒污先沖洗乾淨。

2 若是一般洗面乳，取一粒櫻桃般的大小在手中搓揉，至完全勻開或起泡泡。

3 從額頭打大圈接著拉到鼻樑處，鼻翼的兩側以小圓圈狀仔細洗乾淨，然後從人中畫圈到下巴處小圈狀揉搓。

4 臉頰以小圈狀由內向外、由下往上搓洗，一直到耳後。

5 眼周的部分從眼窩內左眼逆時鐘、右眼順時鐘的方式輕柔的按摩清洗。

6 以清水將泡沫沖乾淨，微微輕拍臉頰，不要拿毛巾亂擦，而是整條對折後按在臉上吸取水分。

7 立即擦上保濕的保養產品。

再油的臉，一般狀況下也還是洗一次就夠了，勤於洗臉並不會防止臉部出油，反而因為洗完臉後臉部會乾乾的，會刺激皮膚出更多的油。所以一天最多只洗2-3次就足夠了。記得一定要乖乖在手上搓出很多泡沫，或用搓泡泡的洗臉網搓出泡泡後才洗臉。隨便搓一點泡就往臉上抹，洗面乳的分佈一定會不均勻，而且也有可能在某些局部沾太多而造成太刺激，所以用法一定要正確！

搓揉出大量的泡沫後，千萬不要一下子就往兩頰上搓，而是應該從皮脂較多的T字部位鼻子、還有額頭與下巴開始清洗才對。因為剛搓揉出來泡泡去污力最強，如果先洗兩頰可能會讓臉頰越洗越乾。

如果洗臉後，臉部還有油膩的感覺，表示洗面乳的清潔效果不夠，就可以再洗一遍，但這樣的可能性應該不多。

去細紋－Suissc Programmc緩紋活顏潔膚乳

乳液狀的不起泡沫很溫和。有些人會覺得洗臉沒有泡沫很沒安全感。但其實正常的肌膚,不一定需要用到皂鹼類的洗面乳。包括現在洗臉用的肥皂,都很強調它不含皂鹼或添加了保濕成分。一天洗幾次也不乾澀還能去除小細紋喔。

保濕－DECLEOR思妍麗芳香濕潤潔膚乳

含有精油成分的潔膚乳,心情低落時可以一邊洗臉,一邊聞聞它的味道。可以保濕及卸淡妝。適合在比較乾燥的天氣時使用,它的精油成分還能使緊繃的肌膚變柔軟喔!

抗老－雷公根回春洗顏露

目前教主的最愛!它裡面有非常非常多的天然植物,是我認為洗面乳到目前為止抗老化效果最好的。洗臉兼抗氧化也太神奇了吧!適合乾燥熟齡肌及喜歡有機保養品的人,洗完後臉部有光澤感且超級滋養型,徹底的從洗臉就開始保養。

油性肌適用－Jurlique茱莉蔻兒植物性精油洗面乳

比較稀薄的乳液狀,很適合夏天使用。尤其愛流汗喜歡常洗臉的人。含有保濕成分,用多幾次也沒關係。油性肌膚還能一邊洗一邊滋潤擦了藥而乾燥的痘痘皮膚。它也可以卸妝,但卸濃妝稍嫌不足。

懶人專用－Nature^s Beauty Nectar卸妝潔面乳

能卸除清爽的彩妝,不用另外再洗臉,卻已經很乾淨,適合累的不想卸妝也不想洗臉的時候。

超溫和—SaSaKi Wasser Cleansing Water

既然説是清潔水，當然就像水一樣不傷肌膚，剛有痘痘或臉部泛紅怕刺激時，非常適合，裝成小瓶帶在身上，夏天的海邊超好用。

泡泡類洗面乳 徹底洗淨

現在市面上有已經是泡沫型的洗面乳和需要搓出泡沫的洗面乳二種，適合比較油性肌膚的人使用。記住要是沒搓好泡沫，千萬不能直接在臉上搓喔！洗面乳停留的面積不均勻，很容易造成肌膚的負擔。

控油淨痘—Clinique 淨痘卸妝慕絲

如果妳跟男友都是油性肌膚的話可以用共一支。也適合喜歡臉部很清爽或者是痘痘肌的人。也很適合在生理期前後、排卵期時皮膚變油時選用。泡沫很多很舒適。

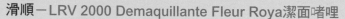

滑順—LRV 2000 Demaquillante Fleur Roya潔面啫哩

如果你今天要跟男朋友約會，或者要在他家留宿，洗完臉後想要親一下，用這支潔膚乳洗完後臉部就超滑，啫哩的質地很清爽。

過敏肌— Roche Posay多容安清潔卸妝乳液

不含香精、防腐劑，成分很溫和，能洗的很乾淨，洗完臉也不會太乾，就算不是敏感肌膚，但想走溫和路線，三不五時就要洗臉的人，都很適用。

超方便—Lancom清淨潔膚泡沫

擠壓出來就是泡沫，不用自己搓，能夠很均勻的去除毛孔中的污垢，夏天尤其適合，洗完的感覺皮膚很貼很順，記得馬上上保養品更好。

教主獨門新法DIY

綠茶嫩白洗顏水

　　綠茶的好處多多，妹妹們應該都知道吧！在用完一般的洗面乳洗去污垢、油脂後，可以再用綠茶清洗一次臉部，能幫助皮膚增加細胞活性。因為綠茶有抗氧化的作用，可以淡化斑點、柔細皮膚，也能鎮靜臉上痘痘的紅腫。

　　除此之外綠茶中所含的單寧酸成份，還可以收縮皮膚，使皮膚黏膜強度增高，很適合夏天使用。在洗的時候，一定要注意手法必須是輕輕拍打的方式，讓綠茶的有效成份能滲進肌膚裡，而且每天只要洗一次，早晚都可以，這樣才能洗出好效果喔！

材料：

　　綠茶 3-5克、水

　　選擇酸鹼度較為溫和的茶渣，過酸性或過鹼性反而對皮膚不好。

作法及用法：

　　泡一壺茶待十五分鐘，等茶的顏色明顯泡出時，將茶渣倒入裝有水的洗面盆中。然後用茶葉和水，輕輕拍打面部皮膚，反覆清洗幾次。記得整個臉部以茶葉清洗完後還是要以清水再清洗臉部一次。

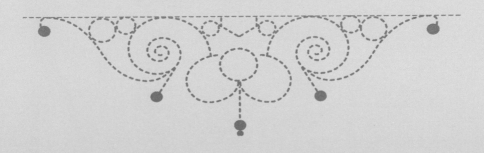

代謝不掉的角質層
看招！

Give it a good scrub

皮膚有分表皮層、真皮層以及皮下組織。而角質層就是位於皮膚表皮層的最外層。具有保護肌膚、防止水分流失等等的重要功能。正常而健康的角質層應該是排列整齊,具有良好的保水功能,每隔約28天會自然代謝脫落。

但是當皮膚表面因為老化、壓力、環境等的種種傷害,而使新陳代謝不佳或緩慢時,角質層的排列便會變的不整齊,且無法自然脫落,於是皮膚就會看起來粗糙、黯黃。那都是因為沒有光澤的老舊角質附在新生角質之上的緣故。而這些老舊的角質對皮膚而言並沒有增加多少保護的功能,相反的,它會使皮膚的保水功能變差,而使膚色變差。更會減低保養品的吸收能力。於是適度的去角質就顯得非常重要!

皮膚的角質不能過薄或過厚。太厚會阻隔保養品的吸收,太薄會讓皮膚沒有保護。多久用一次、該用什麼產品,都要仔細斟酌。臉部洗乾淨不代表已經代謝了老廢的角質,而去角質的次數也要記得不要太頻繁,去時不要太用力揉搓,免得超過肌膚的負擔。要切記美容手術後不適合去角質喔!其中有粉刺和痘痘的人,不能使用磨砂膏的產品以免惡化痘痘;另外,也不宜重複使用過多的產品,以免去角質去過了頭。可以根據自己的膚質選擇適當強弱的產品 若以種類來區分,可分為磨砂膏型、面膜型、酵素型、乳液型、化妝水型等等,其中磨砂膏型刺激性大、價格便宜,較適用於身體。其他形式則需要根據成分、濃度來選擇,若以相同的成分濃度來比較,則以面膜型和酵素型刺激較大,較不適合天天使用。

去角質一般來說夏天是每星期一次,而冬天則是兩週到三週做一次就可以了。

像教主的皮膚很薄，而平時又經常在按摩，於是皮膚的新陳代謝已經很自然的將老廢的角質層，隨著每天自然的卸妝、按摩、清潔等程序中代謝掉，所以教主往往一個月才去一次角質，但也已經很足夠了喔。

去角質功效大披露

I. 當肌膚新陳代謝不佳，就會形成老舊角質。而老舊角質又會影響肌膚正常的新陳代謝，於是就變成了一種相互的惡性循環。去除老廢角質，可以破解這樣的惡性循環，並且幫助維持肌膚正常新陳代謝，讓肌膚變得更細緻光滑。

II. 有一些老舊的角質堆積在毛囊口，便會造成毛孔阻塞形成粉刺。適度的去角質能夠預防粉刺的形成。

III. 肌膚明顯變得明亮且細緻，就好像我們的手肘及腳跟的厚皮，在做保養時把死皮磨去後，會立刻變得粉嫩，因此適度的去角質能提升皮膚的水亮與細緻。

IV. 老舊角質含有大量黑色素，去掉了老舊角質層，皮膚自然就會比較白。

教主傳授密笈 　去角質產品成分大公開

以成分來分別，市面上的成分大約可以分別如下：

1. 果酸類—屬於高濃度的醫療通路保養品，有甘醇酸、檸檬酸、水楊酸等等，使用時要小心使用量及多注意説明。

2. A酸—A酸有第一到第三代的保養製品，需要處方才能購買，屬於醫師處方用藥。

3. 顆粒狀磨砂膏—最常見的就是海鹽的顆粒，或者磨砂式以及許多洗面乳中的細小柔珠等等。

4. 酵素—塗抹式面膜或是粉末式洗顏粉中常常出現，最常
   見的是木瓜酵素、鳳梨酵素。教主啟蒙時用的第一罐
   有去除角質功能的酵素粉則是紅豆酵素。
5. A醛及A醇—是市面上抗老化保養品常常出現的成
   分。
6. 杜鵑花酸—屬於醫師處方用藥，一般不多見。
   以刺激性而言，顆粒式的最刺激，酵素則是最溫
   和。而以療效來說，A酸最有效。

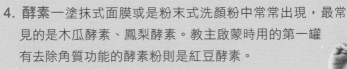

乾坤大挪移　移走老廢角質

Ⅰ. 過敏、脆弱、皮膚薄、熟齡型肌膚──擦拭型
   擦拭型的大多是乳液狀，能溫和去除角質層，
記得擦拭時不要太用力。先大量的倒在棉花
片上，沿著肌里由下往上擦拭，眼、唇
四周一定要輕柔，若膚質太脆弱一個
月一次就可，油性肌膚可以當作基礎
保養之一。

Ⅱ. 面皰、毛孔粗大型、生理期
   ──凝膠式

   油性肌膚使用顆粒過大的產品，很可能會造
成外油內乾，更容易出油。而毛細孔粗大的肌膚滾
動多了，會造成毛細孔拉扯也不好。生理期代謝慢、皮
膚不穩定，凝膠式有很多是屬於果酸型去角質產品，比較
不用擔心會因抹擦而用力過度。如果痘痘已經發炎或有傷
口就不適合去角質，須等到結痂掉後再用，使用時臉上沾
一點點水，將凝膠避開眼周塗抹均勻，稍等十五秒，然後
輕輕按摩，最後清洗。

III. 粉刺、青春期、角質肥厚型 —— 顆粒狀

　　青春期角質代謝快，用顆粒狀的能幫忙已經代謝卻沒有清除的角質層。角質肥厚的人不好吸收保養品，用顆粒狀去角質，能明顯感覺皮膚的變化，也比較有光澤感。要用顆粒狀的產品，如果能先用溫水蒸臉打開毛細孔更好！顆粒狀的通常都有泡沫，一定要充分揉搓泡沫才往臉上搓喔！搓時避開眼周，唇周要輕柔，鼻子毛孔處要仔細，用小圈圈狀會比來回搓不傷皮膚，頸部也可以溫柔的使用。

　　要怎麼判斷自己適合什麼產品？只要用後臉部沒有緊繃或刺痛感，就應該沒有問題。但去完角質後一定要注重保濕。如果在去之前能用熱毛巾輕輕的按在臉部蒸臉，然後溫和的去角質，接著敷面膜效果就棒極了！

教主愛用貨架展示

臉皮薄－Vita Skin酵素角質更新凝膠

　　經由口耳相傳已經很多人在使用。皮膚薄、血管明顯的人都很適合。先將凝膠狀的產品薄薄地敷一分鐘，然後輕輕按摩讓角質層慢慢剝落，能立刻看到效果！油性肌膚的人可以當作卸妝後的清潔手續，大約一週二次即可。

超白淨－SK-II Foaming massage cloth

　　布狀的去角質布，一片一片好方便，每天洗臉都可以代替去角質產品或洗面乳使用，注意不要放太久，否則會硬掉，買來要乖乖的勤加使用喔。

最常用－Awake薇可角質清淨美容液

　　適合敏感性膚質的人使用；先將美容液倒在化妝棉上擦拭臉部、唇周、髮際等地方去除多餘角質後再拍化妝水即可。每週使用二~三次就能把表層老廢角質代謝掉喔！教主超喜歡的！

超高品質－Mothode Swiss溫和潔面磨砂膏

　　如果你是非要見到顆粒才覺得有在去角質的人，可以選擇這款瑞士出產的磨砂膏，適合痘痘及油性肌膚的人使用，搓的時候會有一點點的泡沫，記得要臉打濕的時候使用，用後一點都不緊繃。

平價高享受－膚蕊角質調理化妝水

　　這款需用化妝棉抹擦，含有少量的果酸，卻很溫和，適合年輕代謝旺盛的肌膚。在卸完妝後擦拭，能幫助代謝黑色素，有美白功效，夏天很適合。

含金箔超華麗－Gold Peeling Cream

　　當中含有珍貴的金箔，用揉搓的方式讓金箔在臉上融化，在去角質同時把養份帶進肌膚，保持光澤及濕潤。每週使用一到二次，就可以享有埃及豔后的待遇。教主多半使用在鼻子上代替妙鼻貼，之後記得要拍上收斂化妝水喔！

懶人專用－Pola蕾莉蔻絲平衡角質洗面乳

　　一邊洗臉一邊去角質，屬於懶人專用的保養品。適合各種肌膚。尤其是夏天常洗臉的人，洗後噴上噴霧水或化妝水，即可達到油水平衡。沒時間保養的人，可在洗完後抹上精華液，再敷上塗抹式免洗面膜一覺到天亮，省時又省力。

生化之王－Dr.Brandt微晶磨皮霜

　　這是好萊塢女星最愛用的磨皮霜，用完之後會感到皮膚變亮、變細，為上流人士所風靡，適合熟齡肌膚使用，用的時候臉上需有水分及避開眼唇，幾次後會發現效果驚人，但記得要注重保濕、不要過度密集使用，只用於鼻頭可一週一次，全臉使用最好乾性肌膚一個月一次即可。

懶人專用－CELDIE果酸洗顏霜

　　一邊洗臉一邊去角質，利用果酸，連肩頸都可以一起洗到，還添加保濕的氨基酸，所以油性皮膚天天洗也不會太乾燥，夏天曬黑的肩頸部好好的按摩洗淨後，擦上美白產品，有加乘的效果。

教主獨門新法DIY

美白磨砂露

材料：

山楂3錢、奇異果1個、無糖原味優酪乳一盒

作法及用法：

將山楂磨成細粉，奇異果壓擠或打成果泥，攪拌均勻後，輕輕按摩全臉，避開眼唇、髮際，然後敷臉五分鐘，以優酪乳洗淨後，再以清水及洗面乳清洗一次。

杏仁保濕磨砂露

材料：

無糖原味優酪乳一盒、杏仁粉3錢、蛋黃半個

作法及用法：

將杏仁粉加上半盒優酪乳和蛋黃攪拌，避開眼唇、髮際，按摩臉部後敷臉五分鐘，以另外半盒優酪乳洗淨後，再以清水及洗面乳清洗一次。

黑芝麻去粉刺磨砂露

材料：

黑芝麻粉3錢、蜂蜜三大湯匙、温牛奶一盒

作法及用法：

將芝麻粉與蜂蜜攪勻，輕輕按摩臉部，芝麻最好還有些顆粒感，避開眼唇、髮際循肌理按摩，鼻翼兩側可以加強力度，以温牛奶以優酪乳洗淨後，再以清水及洗面乳清洗一次。

洗淨後再以清水及洗面乳清洗一次。

p.s.以上容易過敏者皆要注意！

Gentle massage

按出
ㄉㄨㄞˋ、ㄉㄨㄞˋ
小美肌

我按、我按、我按按按 教主非按摩不可！

　　臉部血液循環不良，很容易感覺臉部肌肉緊繃凝重，而且還會水腫，看起來臉色就暗沈。而正確的按摩能幫助血液循環，找回肌膚光澤。

　　現在的按摩霜，有一些就等於是面膜。但和敷臉比起來，卻又能在最短時間內，給予皮膚不同的營養。也有很多按摩霜，還可以幫助下一道保養品的吸收。

　　在我們的臉有很多淋巴，是需要定期按摩活絡，幫助臉部新陳代謝和排出滯留水分及毒素的。可是敷臉時不可能按摩，有時早上起來也沒時間按摩，這個時候用按摩霜，就很有效果喔！

　　使用按摩霜前，要記得要看清楚使用方式，有的需要沖洗，有的則免。有的是幫助吸收保養品，有的等於是敷面膜，一定要看清楚說明才能用出功效喔！

　　臉部按摩可促進血液循環、提高新陳代謝，以消除顏面神經的疲勞，使肌肉放鬆；按摩過後，肌膚更顯得光滑柔軟。

 細數按摩好處多多

Ⅰ、防止自由基產生，保持肌膚彈性。當血液循環不佳時，肌膚便無法獲得充分的氧氣及養分，使自由基產生進而形成皺紋，而臉部按摩能使肌膚重新獲得新鮮的氧及營養，令自由基無法產生，使肌膚的彈性及張力和透明感都增加。

Ⅱ、幫助清除肌膚表皮的死細胞或老廢角質，讓肌膚及結構組織得到清潔與滋潤，然後加強日常使用的保養品吸收。

Ⅲ、按摩時體溫會增加，同時也會讓毛孔張開，帶走老廢物、污垢、油質等等，幫助肌膚達到毛孔的深層清潔。

Ⅳ、讓緊張的臉部肌肉鬆弛，延緩肌膚老化的速度。

Ⅴ、可以讓肌膚更柔嫩滑順，促進血液循環，使膚色看起來更健康明亮。

Ⅵ、美白式的按摩霜還能擊退皮膚的黑色素，幫助色素排出且減少斑點產生。

按摩心法事倍功半

1、遵循肌理、淋巴、神經

臉部的肌肉又稱為表情肌，因為皮膚很薄幾乎和肌肉連在一起，所以臉部的皮膚會隨著肌肉的運動而活動，在按摩的時候，手法一定要順著肌肉的紋路和生長方向來按摩。而皮膚的表面分佈著許多末稍神經，也會將按摩時的舒適感傳達到大腦，還有人體身上的許多淋巴都會相牽引，淋巴的循環好壞也有影響，因此如果可以注意各種手法，在需要的時候交替使用，就會讓按摩的效果更好。

2、選擇適當的按摩霜

當我們按摩時，按摩霜會停留在臉上比較長的時間，所以產品的質地不適合太油膩，以免肌膚過度吸收，而造成毛孔阻塞。而選擇按摩霜一定要細滑好推，而不是油膩厚重，以免潤滑度不夠而在按摩中有不必要的手法拉扯，而變成皺紋。

3、手法和力度要適當

盡量用指腹接觸肌膚，按摩的動作要輕柔而有節奏感，力度也要均衡，不要力氣忽大忽小。按摩的方向有許多書上都有介紹，當然也可以參照教主指示喔。

4、去角質、按摩然後敷面膜效果絕佳

在每次按摩前將臉部的老廢角質清除，可以增加肌膚吸收營養的能力。然後

在按摩後敷上面膜，更可以使皮膚在代謝率最高的時候，有效的吸收面膜中的營養成分，使皮膚美的透亮。

5、油性皮膚要注意

如果是油性肌膚在使用按摩油後，一定要將皮膚表面的油用面紙擦掉或清洗乾淨。過多的油若停留在皮膚表面太久，皮脂膜分泌的油脂融合，就會變成過氧化脂質，而捨不得或沒有洗乾淨的油，就變成了皮膚老化的元凶，但乾性皮膚就沒有這種顧慮了！

6、臉部按摩的好處：20、30、40

20歲的女生們皮膚還很健康，按摩不適合時間過長，次數也不用太多，使用的產品也不需要過份營養。比較適合的按摩霜是促進循環的蘋果臉型或是美白亮澤的類別。而對於30歲左右的女性來說，臉部的應該要開始注重皮膚彈性及預防老化。而且在眼部及嘴唇周圍，手法一定要輕柔的撫摸。一週最少一次幫助面膜及保養品吸收，已經是基礎保養的一部份。而40歲以上的女性則就需要讓臉部肌膚不下垂地向上拉提，以抵抗地心引力。更可以使用導入的低週波儀器幫助按摩，次數增加但手法輕柔而且時間不要太常，在洗臉後天天三分鐘活化肌膚，一點也不能偷懶。

7、不可以按摩的時刻

對於臉上有較多粉刺、青春痘或面部水疹患者，則不建議進行按摩，尤其是有傷口的皮膚。如果摩擦不慎很容易加重病情，讓皮膚過敏或發炎更加嚴重。而如果是夏天曬傷時，也只可以用蘆薈等有冰鎮效果的植物性按摩油，很輕緩按摩幫助恢復，千萬不要任意拉扯，傷口沒癒合前按摩一定要避免。

教主小叮嚀

　　按摩的手法，有分肌膚的表面按摩和臉部淋巴按摩。淋巴按摩的手法一定要輕喔，而且用溫和的調配精油按摩，還可以幫助排毒消水腫呢，記得按摩霜的量一定要多用點，按摩中還可以隨時補充，盡量按在按摩霜上，而不是直接按摩臉部喔。按摩的手法如下：

A.不用打光就很亮的"光澤按摩法"

在額頭的部分，從眉心向外以打圈狀輕輕按摩，最後停在太陽穴上，稍微用力按壓，然後在鼻子兩旁，由眉心往下滑過，稍微重壓，共三次。

在鼻翼兩旁，稍微出力，上下推動按摩三次。

帶著微笑的表情，用兩隻手指沿著嘴角，溫柔的由下往上輕推三次。

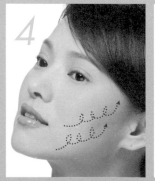
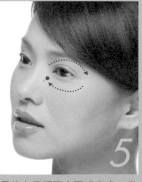

將兩頰分成三個部分，先從下巴，以小圓圈狀，由下往上，微微施力，慢慢的按摩。然後再從鼻翼旁以相同方式按摩，接著從鼻樑旁邊兩頰處再做一次，每一處三次。

最後在眉頭下方兩眼窩處，微微施力壓三秒鐘，然後由眼角往外完全不施力的輕壓一圈，再回到眉心按壓，循環三次。

最後用兩手掌心，從眼窩到臉頰，溫熱全臉，幫助吸收。

B.能彈起臉上小水珠的"肌膚彈性按摩法"

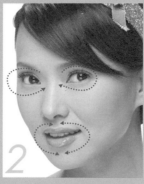

從臉的中央將臉頰分成四個區域，由鼻子旁由內向外以打圈狀輕輕按摩，共三次。

將手攤開，眼部以畫大圓圈的方式，最後停在上眼皮眼窩處微微用力按壓，共按摩三次。

補充精油後，兩隻手交錯由下巴處往上輕拍，先拍左邊臉再拍右邊臉，只需要做一次。

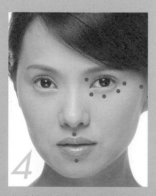

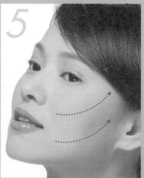

在眼部從眼窩處往下到眼角，順著眼角輕壓下眼瞼骨骼處，一直到眼尾然後停在太陽穴處。接著用大拇指按壓人中稍停五秒才離開。然後下巴處的中央，也以大拇指按壓五秒。

最後在眉頭兩眼窩處，微微施力壓三秒鐘，然後由眼角往外完全不施力的輕壓一圈，再回到眉心按壓，循環三次。

最後用兩手掌心，從眼窩到臉頰，溫熱全臉，幫助吸收。

教主愛用貨架展示

漢方草本—KOSE高絲藥物雪肌精草本敷面膜

歷年老牌的暢銷系列，按摩同時可活化和美白皮膚。有10種草本温和又舒服，保濕度也很夠，可以一邊按摩一邊淨白。按摩完洗掉後再敷美白面膜，教主的小雀斑真的褪了不少。

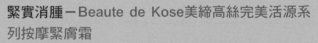

緊實消腫—Beaute de Kose美締高絲完美活源系列按摩緊膚霜

可強化肌膚循環，如果臉總是常水腫、鬆弛，就可以在晨間使用，或趕著出門，就可以敷臉，迅速改善皮膚狀況。

熟齡修護—Shiseido Revital莉薇特麗醒膚按摩霜

熟齡肌膚使用，透過按摩在活化的同時也具有緊實的效果，我常常連續一個禮拜錄影，錄到量天暗地，感覺皮膚累垮了，鬆弛了，就會使用它，既活化又緊實，效果不錯。

明亮肌膚─Shisiedo美透白按摩霜N

　　有一陣子教主簡直對它可以用上癮來形容，天天都做2分鐘按摩，按摩後再洗掉，茶玫瑰的味道舒服，光是敷在臉上就覺得好像得救了，敷完後感覺臉部有一層薄膜感，感覺就像蛋清附著在臉上，而且立刻展現粉嫩的膚色。

淋巴排毒─Shisiedo Zen資生堂世紀禪美體霜

　　十分適合失戀期、遇到壞老闆時使用，因為真的很放鬆！透過按摩，感覺深層的呵護自己受傷的心。使用時可以感受到水的味道，就像為臉部做靜瑜珈，因此，教主在敷這款面膜時，會做些輕柔的淋巴排毒，做完之後深呼吸，再敷面膜，讓整個人真正放鬆，進入一個好的睡眠。

美白活膚－shu uemura美白按摩膠

　　將皮膚的老廢物代謝後，美白才能更功效，膠狀的按摩油很舒服，一點也不難推，在美白面膜前使用，能讓美白加倍，有時教主連曬黑的肩膀和後頸部都用喔。

教主獨門新法DIY

蘆薈芝麻滋潤按摩

材料：薏仁、貝母各3錢、蛋白一個

作法及用法：黑芝麻研磨成粉蘆薈打成汁液，與蜂蜜及橄欖油伴勻，輕輕在臉上循肌理按摩五分鐘，接著敷臉五分鐘後清洗。

以上容易過敏者皆要注意！

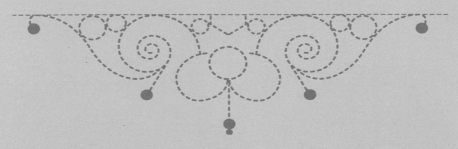

化妝水就像皮膚小點心！
喜歡就好！

Toner-
an absolute
necessity

皮膚科醫生對於化妝水的功效總是不置可否，但只要把它當作是皮膚的小點心也不錯。尤其是在夏天洗完臉後，沒有馬上擦保養品，化妝水就能發揮功效。

現在的化妝水越來越像保養品，有添加金縷梅的收斂型、也有添加維他命C的亮白型、還有添加玻尿酸的潤澤型、以及適合油性肌膚的植物性化妝水等。使用時建議一定要倒在化妝棉上！用手直接拍在臉上容易造成化妝水分布不均，有的地方多有的地方少。化妝棉一定要選擇不留棉絮的。教主愛用的品牌是「絲花優緻化妝棉」，超好用！

化妝水的盲點大疑問
教主下凡來解答！

1、妳需要用化妝水嗎？

洗完臉後的皮膚角質層含水量最多，如果能直接擦上乳液或面霜，不一定要使用化妝水，減少水分散失的效果反而更好。

而強調各種功效的化妝水如美白、抗老、緊緻等化妝水，皮膚科醫師也認為效果不大。另外像面皰理療成分的化妝水或收斂水，對油性皮膚、青春痘、角質肥厚困擾的人雖然有幫助，不過還是不適合長期使用。

所以從醫師的角度來看，化妝水可有可無，但是教主還是將它當作清淡的精華液來使用，所以只要用了覺得安心，也感覺有效果，想持續的用下去也無妨。

2、不同的化妝水中含有哪些成分？

化妝水中85％以上是精製水，其餘添加的成分則以其訴求而設定。

保濕化妝水：大多是添加水性保濕劑、天然保濕因子、低量的香料、色素、界面活性劑、防腐劑，有些還有酒精等。

去角質化妝水：般都含有果酸及水楊酸等成分。

收斂化妝水：常添加收斂劑及酒精。擦起來有清涼感，能使毛孔周圍的角

質蛋白凝結，達到控油收縮毛孔的作用。

3、化妝水能不能代替保濕？

　　就算擦了化妝水，還是要儘快擦上乳液以保持油水平衡，因為化妝水並不能保濕，而如果是使用含有酒精的收斂化妝水，反而會更容易在抹擦後後迅速蒸發，此時若不趕緊擦乳液保水，只怕肌膚會變得更乾。

　　在歐洲的妹妹們一直把化妝水，當作是臉部清潔的最後一個步驟，利用棉花擦拭或拍打時是再次清潔。不過在東方的保養觀念上，則是保養程序的第一個步驟，是幫助接下來的保養品打底，讓保養品的營養更好吸收。

4、化妝水中的酒精會傷害皮膚嗎？

　　這是一個常被討論的話題，至今仍眾說紛紜。酒精有消炎、鎮靜的功效，尤其是治療青春痘的化妝藥水，或者是收斂毛孔的化妝水中常常都會添加。當然過敏性及乾性肌膚在使用時應該要謹慎。如果打開化妝水後聞不到酒精味，拍上去也沒有很快揮發的清涼感，代表酒精的濃度很低，就不需要太擔心。而如果拍在臉上有明顯的清涼感，酒精味濃重，皮膚感覺刺激微痛，就表示酒精的濃度較高，不適宜過度使用。

5、化妝水怎麼擦效果最好？

　　最好還是使用化妝棉，而且不吝嗇的大量倒在棉花上，然後均勻的拍打或抹擦臉部。用手拍打，會有些部分很多，而也些部分根本沒有沾到，就像沾濕的抹布擦桌子可以比較均勻，而直接潑水一定會有多有少的道理是一樣的。

　　而拍打的方式最適合收斂型化妝水，可以讓酒精不過度沾到皮膚。

6、化妝水一定要跟手上的保養品同樣品牌及系列才好？

　　其實懂得保養的人都知道，適合自己的需要很重要，雖然很多保養品強調同系列才能夠發揮效果，但其實人的皮膚吸收有

限，給的再多也不可能會完全吸收，因此懂得選用每一種系列中不同的單品，按照自己的需要來調配，才是更聰明的用法。要知道並不是保養程序越複雜就代表效果會越好喔。

化妝水功能
七嘴八舌大討論

不管醫師怎麼說，還是妹妹們強調化妝水的好，堅持基礎保養裡該有一罐。教主就來看看大家認定的化妝水功能到底有哪些？

I.收斂毛孔

教主習慣將收斂型的化妝水，倒在棉花上後甩一甩讓酒精揮發，然後敷在下巴或是鼻頭上，感覺收斂的效果不錯。而且也可以毛細孔表面收縮，防止油脂分泌。

II.舒緩鎮定

練完高温瑜珈或外出日曬了一整天時，可以將冰鎮在冰箱裡的化妝水拿出來拍打在臉上，超舒服！有些化妝水添加蘆薈還可以讓發熱的肌膚鎮定下來。

III.柔軟潤澤

有些化妝水強調能軟化角質，使皮膚光滑柔軟，加強後續保養品的附著，幫助保養的吸收。

IV.酸鹼平衡

正常肌膚的酸鹼值約為pH4.5-pH6.5，而弱酸性的化妝水能中和肌膚的酸鹼值，讓洗完臉後的肌膚恢復到弱酸性狀態，以達到平衡的效果。

V.清潔作用

　　有些化妝水成分中含有藥性的殺菌成分，能夠使洗臉後的皮膚再次清潔，因此油性皮膚很適合以化妝水來加強清潔效果。

教主愛用貨架展示

美白亮潔－De Mon美白化妝水

　　教主的最愛，一年四季都不離手，而且常常都全身性的使用！

　　使用時會先倒在化妝棉上後再拍打臉部，然後用雙手掌心溫熱臉部幫助吸收。也會在敷臉前局部貼在兩頰小斑點上，當作美白貼。很適合濕敷又不黏膩，用了超上癮！洗完澡會連後頸部及背部一起拍打，夏天使用效果尤其好！教主還裝了小罐裝，太熱或曬後就拿出來沒事噴一下隨時美白。乖乖的用完一罐，會發現想提高亮澤度超、超、超、超、超級有效！

　　上妝前，最好使用化妝棉浸滿保溼化妝水貼於臉部敷臉！肌膚吸滿水後很好上妝妝效也更勻稱。而肌膚一旦吸滿水、油水均衡，就較不易出油和脫妝！

保濕鎮靜 —玫瑰精露潤膚水

　　化妝水內含有精油成分，黏度高、味道香，可以緊緻毛孔，無酒精成分能保濕及鎮定肌膚，適合敏感性肌膚。

自然舒適—SANOFLORE玫瑰蘆薈噴霧化妝水

　　這瓶噴霧式的化妝水含有玫瑰和蘆薈，都是保養的聖品，能隨時補充水分，增加抵抗力，教主超愛。

全能滋潤－廣源良純天然菜瓜水

　　這瓶屬於俗又大碗的化妝水，曾經有明星出國因為氣候不適而全體過敏，同團的化妝師用了這瓶幫大家敷臉，居然全都奇蹟似的好了。由於它是有機絲瓜，做的很清涼，有鎮定肌膚的效果，加上綠豆粉可收斂毛孔、加上薏仁粉還可美白，也適合曬後使用，屬於全方位化妝水，而且實在太便宜了！飆淚～！

話題性－Nano Q10奈米保濕化妝水

　　話題性的Q10成份，想要抗衰老的人可以用這瓶，洗完澡後也可以輕輕拍打全身使用。

冰鎮舒適－肌/研極潤保濕化妝水

　　內含玻尿酸適合脈衝光雷射後使用，非常保濕，很適合長途飛機上使用。凝露狀很適合冰敷，夏天放在冰箱後再拿出來使用，清涼又保濕。

防敏感－Albion健康化妝水

　薏仁做的化妝水有排毒作用，很溫和適合敏感肌膚使用。可幫助新陳代謝，當肌膚敏感時會吸收養分較慢，所以使用期間不要隨便更換其他化妝水喔。

年經肌膚最適－Venus Vital Tonic

　超級便宜的化妝水，含有維他命A、C、E，適合毛孔油脂分泌旺盛的年輕肌膚，維他命可幫助保溼，洗完澡後全身使用很清爽又不心疼，常買來送朋友，口碑還不錯喔。

最高級－Lancome絕對完美系列化妝水

　去年夏天的7月份，教主在42度的高溫下，穿厚重的清裝、化大濃妝，在大陸拍古裝戲。因為排汗不佳、曝曬、皮膚無法呼吸，結果肌膚龜裂！當時就用廣源良冰敷，晚上則用這瓶濕敷，連續用四天後就有明顯的改善，所以雖然價位比較高，但也很甘心。不但能讓肌膚恢復彈性，皺紋也能有所改善。

抗油防皰－德國世家Dr.Hauschka特殊律動調理液

　含有金縷梅可收斂毛孔、適合油性肌使用，也是面皰、異位性皮膚炎的人可選擇的植物性噴霧，不會有過濃的酒精成分，敷在鼻子上還可以收縮毛孔。

教主獨門新法DiY

綠茶抗氧美白化妝水

材料：綠茶茶葉5-10克、低度白酒400毫升、柚子1/2-1個

作法及用法：先將綠茶以大杯水泡開，然後將柚子洗淨切成圓片。將綠茶茶湯內加入裝於大瓶子裡的白酒和柚子，蓋上瓶蓋後置于陰涼處保存。 靜置一個月後可將柚子取出。裝在噴霧罐裡就可使用。因未加防腐劑，所以常溫下只能保存約2到3天，冰在冰箱則可保存1周，所以建議不要一次做太多。

玫瑰甘油保濕化妝水

材料：乾燥玫瑰花三茶匙、水100CC、甘油(溶於水) 10 CC、抗菌劑 0.5 CC

作法及用法：將乾燥玫瑰花加入100CC的水熱煮三分鐘，將汁液倒出。然後加入甘油及抗菌劑，滴幾滴玫瑰精油，能增加香氣。

以上容易過敏者皆要注意！

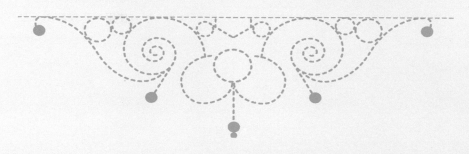

Crystal
clear eyes

眼睛亮晶晶！
少女漫畫的雙眼再現！

眼周一旦老化，要修復就很困難。因為當眼周出現第一道細紋時，是即便採用拉皮、割除眼袋、打肉毒桿菌等終極手法都無法善的喔！所以一定要先開始了解自己眼部肌膚的問題，然後按照需求來選擇保養產品，並且經常搭配不同的狀況使用，以正確而聰明的方式保養，才能一直有迷人的電眼魅力！

　　眼部周圍的皮膚是最脆弱、細緻的，一般從25歲眼周肌膚就開始走下坡路，並且出現各種問題。要知道我們每天眨眼超過上萬次，老化速度當然很快。再加上眼周肌膚非常的薄，又幾乎沒有皮脂膜的保護，所以預防和護理都好重要！千萬不要偷懶，也不要把自己當試驗品似的，只要有人介紹、拿到試用品、不管適不適合就都拿來塗抹。更要避免熬夜或睡前大量喝水，以免因為疲勞、睡眠不足產生黑眼圈。吃太鹹的食物，也會因為水分滯留，而造成第二天醒來眼部浮腫。還有很多人喜歡揉搓眼部，這個壞習慣一定要改喔。

 # 眼部急救101　問題通通掃光光

一、熊貓眼般的黑眼S.O.S

維他命Ｋ、維他命Ｃ、果酸、Ａ醇、Ａ醛以及植物性美白成分，都能防止黑眼圈的形成。

而黑眼圈形成的原因通常分成四種：

Ｉ、淚溝型黑眼圈

　　通常都是因為皮下組織變薄所致。尤其是熟齡肌膚的女性。當我們隨著年紀的增長，眼頭部位皮下組織的膠原蛋白會漸漸流失，慢慢的越變變薄。也因為如此眼頭下方的皮下的血管就變得特別明顯，看起來就感覺有深深的黑眼圈。

ＩＩ、膚色形成色素型黑眼圈

　　這一類型的黑眼圈是屬於遺傳以及膚色不同的原因。眼部四周的皮膚為人體

065

Magic of Beauty

肌膚的最薄處，大約只有0.5mm的厚度。而因為本身膚色的影響，會讓黑色素沉積看起來很明顯，而造成了視覺上的黑眼圈。所以膚色較黃或較黑的人，看起來黑眼圈都比較深。

另外就是化妝品的殘留，也有可能造成色素沈澱在眼周，慢慢變成了黑眼圈，所以卸妝一定要卸乾淨。

針對色素沉澱的黑眼圈，可以使用含有左旋C、麴酸、熊果素等等，衛生署許可的醫學美白成分做導入，或者是塗抹含有美白成分的眼霜。平時含有深黑色素的飲料及食物要盡量避免，紫外線防護也絕不可少，不過這類型的改善很緩慢，功效也不顯著，各位妹妹們一定要有耐心。

III.過敏的體質引發血管型的黑眼圈

很多小朋友都還小，不熬夜也有充足的睡眠，卻還是看起來有黑眼圈，大都是因過敏性的體質所引起。尤其是過敏性鼻炎，因為眼部皮下血流增加，會讓眼周血液循環變得比較差，也因為血管中的發炎物質增加，造成了皮下血管擴張，才會使眼部四周看起來有呈現青或紫色的黑眼圈。

因此想要改善黑眼圈，就必須將過敏性鼻炎治好。可是台灣的天氣潮濕悶熱，空氣品質也不穩定，想要徹底治療，真的是很難。這一點連教主都很困擾！只好乖乖的按摩，還有常常冷熱交替地敷眼部，多少都會得到改善。

如果是非鼻炎導致血管性黑眼圈的人，則可以選擇求助醫學美容中的脈衝光。一個療程總共5-6次，每次間隔21天，多少可以淡化眼下血流，促進結締組織的增生。另外就是選用一些含有維他命A酸、左旋C等抗老化成份的眼霜，來增厚結締組織，不過這類型的產品，一定要小心選用，才不會刺激眼周肌膚。

IV.視覺感官結構型黑眼圈

結構型的黑眼圈，是因為眼部肌肉或骨架等造成了陰影，在視覺上則形成了黑眼圈。這類型的黑眼圈，比較不是保養品能解決的。如果是肌肉過於發達，可以施打少量的肉毒桿菌，讓眼部下方的肌肉得到舒緩，突起的肌肉就會比較

乖巧地放輕鬆。而若是眼頭的皮下組織太薄或者凹陷，使得皮下血管青藍的顏色很明顯時，則可以在眼頭部位施打玻尿酸，藉此填補凹陷、消除造成的陰影來改善黑眼圈現象。

另外，眼部化妝品的修飾對於陰影造成的黑眼圈有改善效果，譬如一些含有珍珠折射光的粉底，還有帶亮粉的眼影，都可以讓陰影減少。

二、像漫畫人物一樣 一直淚汪汪的過敏性眼睛

如果是眼部很容易過敏的妹妹們，一定要很小心的選用眼部的保養品以及彩妝，購買時要避開使用成分太複雜的保養品，最好注意是無香料、無添加防腐劑或者是經過低過敏性測式的產品。

還有近來流行的液狀眼線液、液狀眼彩霜或者是霜狀亮粉彩妝用品都不適合眼部敏感的肌膚使用。

教主建議眼部敏感的人若想選購彩妝品，還是選擇粉狀的眼影、眼線筆、眉筆、眉粉比較適合。

在保養品的選擇上建議夏日白天可使用質地清爽的眼膠，晚上睡前則可以選擇營養、滋潤、保濕度都比較高的眼霜，或者也可以分季節使用，如炎熱溼黏的春夏季用眼膠，乾燥變化大的秋冬季則使用眼霜。

有一段時間教主常有眼睛發癢的情況，一開始我不以為意，只是自己買眼藥水來點，而且還不小心的買了很刺激的藥用眼藥水，結果又涼又刺痛，過了一段時間反而覺得眼睛更乾，眼壓也增高。後來我養成早上起來先溫敷、然後冰敷，再用洗眼液洗一次眼睛，平常再癢也忍住不揉搓，真的很乾時則用人工淚液，滴完後一定閉上眼睛休息三十秒，並且用指腹稍稍地按壓眼周。而無論是白天夜晚的清潔、保養、或上妝前，雙手一定要先洗淨，以免細菌感染，這樣才不會傷害肌膚。在教主這麼小心的呵護下，才終於慢慢的讓疲憊過度的眼睛恢復了健康。

當然如果妳已經很嚴重，請一定要到眼科醫師處就醫。

三、鬆垮垮的沙皮狗眼袋

造成眼袋的原因除了先天性的眼部脂肪堆積過多以外，也有些是因為長期疲勞造成循環不良，眼周皮膚於是漸漸減少彈性，慢慢的鬆弛下垂。也有部分原因是新陳代謝能力降低，堆積在眼部的水分不能排除，長期的水腫讓眼周皮膚鬆弛，於是就會看起來像是沙皮狗般沒精神。

如果是因為前一晚喝太多酒或水，造成早上起來時的眼袋水腫，可以嘗試用熱毛巾敷眼，促進眼部血液循環，然後再放一點點鹽溶化於水中，將棉片浸泡一會兒，接著壓乾水分敷在眼皮上各5分鐘，然後再用冰的礦泉水水瓶尾端圓形的部分，在眼周冰敷不動5分鐘，接著慢慢滾動瓶身略略施壓來回各10次，對於緩解浮腫的眼袋超有效，也是教主最愛的發明！

也有人用冰茶袋、黃瓜片或者是多水的蘋果片切敷在眼瞼上，而在醉醺醺要昏睡前，先喝點蜂蜜水，並且將枕頭墊高在腦後方，都是坊間聽來的小秘方。

若是因為疲憊而感到眼部皮膚鬆弛的妹妹們，可以選用具有增加彈性、 防止鬆弛或者是有拉提功能的精華乳，來促進眼部的膠原蛋白的增生，並且記得在緊緻的同時也要加強保濕。

而經常做眼部淋巴按摩，可以預防眼部脂肪沈澱，並且幫助排毒及收緊眼部輪廓。選擇含有人蔘及甘菊萃取物精華、或褐藻還有銀杏精華的保養成分都很適合。

四、鐘樓小怪人的的眼周油脂粒

油脂粒的形成還在眾説紛紜。有人認為用了太滋潤油膩的眼霜，使皮膚滯留下很多沒有被完全吸收的營養，於是油脂粒便形成。但也有醫學界認為眼霜所引起的油脂粒只是暫時性的，不使用就應該會消失。因此若是長期一直在長油脂粒的人，應該與眼霜無關。有些人則是因為身體的內分泌失調，使得眼部

周圍肌膚油脂分泌過多，又沒有正確的方法或及時的清潔，也會造成油脂粒。

　　要徹底消除油脂粒，目前為止抹擦的保養品還沒見到，一般的保養品只能說是減少形成的可能。有人擔心用了好眼霜會長油脂粒，用一般的眼霜又解決不了眼睛周圍乾燥、缺水的狀況，教主建議大家選擇那些凝膠狀的眼霜，多敷水質狀的眼膜，就能減低油脂粒的形成。

五、"條條大路通老化"的皺紋

　　眼周的皺紋大致分三種：

Ⅰ.深層皺紋

　　皺紋能從肉眼看出，通常是因為眼周老化，或者太乾燥所引起。選擇含維生素E或A酸衍生物等能抗老的修護型眼霜，白天外出時則別忘了眼周也要有紫外線的防護。

Ⅱ、小小細紋

　　通常眼角比較乾燥，化妝以後會慢慢的浮現。抹上眼霜時能立即改善，但很快又恢復，不早點改善，慢慢就轉變成深層皺紋。要對付細紋，可以盡量使用有補水保濕抗氧化功能的眼霜，例如葡萄籽多酚、紅酒多酚。

Ⅲ、表情多多表情紋

　　表情紋最常見的就是大笑的時後會出現在眼角，且久而久之深印的連不笑時都會有細紋能看見。最好使用含有膠原蛋白、酵母提取酵素、豆蛋白質、類肉毒桿菌素、輔腜Q10等等能增加彈性及抗皺預防老化眼部肌膚的保養品。

　　記得以上不管是有甚麼樣皺紋的妹妹們，在塗抹眼霜時的手勢一定要輕柔，並且只往同一個方向、而不是來回的推抹。

六、超級容易水腫的大眼變小眼

在生理期要來臨的前10天左右，女性身體的黃體激素開始大量分泌，讓水分滯留在身體內，使得臉部有浮腫及充水的現象。還有睡前喝酒、喝水過多也會水腫。

夜裡有吃宵夜習慣的人，由於在睡前攝取了大量的鹽分，也會造成水分滯留。壓力大、熬夜、睡眠品質不佳、有過敏性鼻炎的過敏體質的人，也都是晚上大眼、白天小眼的水腫一族。當然最容易水腫的就是失戀大哭，還有不斷搓揉眼睛，第二天醒來的那種浮腫的恐怖狀態，妳男朋友若是不會心疼，可能就真的是徹底不愛妳了。

常常保持運動、泡澡與或烤三溫暖排汗，每天醒來先冰敷，都可以幫助浮腫減退。而保養品中的綠茶、葡萄籽、薄荷，這類型的天然植物的萃取成份，可以促進血液及淋巴循環，達到排水的效果，讓水腫緩解。

不過如果妳的男人真的不愛妳了，還是別哭吧，哭不但哭不回他的心，還有可能被嫌煩，更會讓眼部快速老化、加深皺紋、浮腫及乾燥，多划不來！

教主獨創　　護眼密笈

得此密笈遵從使用者 定能練成眼部絕世神功！！！

活絡紓壓　眼周溫敷法〈抹眼霜前〉

在卸完妝，洗完臉後，我會先為疲憊的眼睛紓壓再用保養品，這個簡單小秘方尤其適合經常運用到眼部的人士，例如因工作需要必須常盯著螢幕，或是長時間戴著隱形眼鏡者，都可以用這個秘方活絡眼周，同時有助保養品吸收！教主建議一週可以做兩次，如果妳有時間，也可以天天溫敷喔！

1. 準備自己偏好的精油，例如我喜愛的薄荷，薰衣草和柑橘也可以。

2. 拿臉用的方形小毛巾，浸入比膚溫略高些的熱水中，取出後選一款精油直接滴上數滴，再擰乾水，精油便均勻地分布在熱毛巾上。

3. 把方巾圓捲成長條，一手將毛巾輕壓在閉起的眼部上方，利用蒸氣活絡

眼周血管並濕潤肌膚；另一手則運用食指、中指與無名指，在下眼瞼皮膚輕快彈點按摩，然後換手交替，過程約3~5分鐘。

加強吸收 穴點按摩法〈抹眼霜後〉

當妳以為抹完眼霜就完成保養了，其實不然。教主建議妳抹完眼霜後再加上簡單的穴點按摩手法，不僅能使保養成分深入吸收，同時按摩眼周阻塞缺乏循環的微血管，對擺脫黑眼圈也很有效喔！

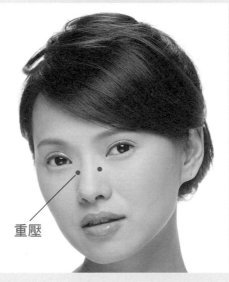

重壓

1. 握起拳頭，將大拇指內包在四指內。以凸起的食指關節做為眼周穴點按摩的小工具。

2. 從眉頭下方內眼窩處為起點，順著下眼眶與顴骨交際的半圓弧度，讓食指關節以輕壓的方式，由內向外按摩至太陽穴處，停留5秒鐘；然後再重複動作約5次即可，過量的按摩也可能是負擔。

3. 以手指彈跳的方式，從上眼皮開始輕輕的由上眼皮一路輕跳至下眼皮到眼角內側。

4. 在鼻樑及眼角的下方微微施力加壓10次。

5. 閉上雙眼，將手掌心搓熱，按在整個眼周溫熱眼睛，幫助產品吸收及眼部血液循環。

眼穴按摩

眼睛有很多穴位，平時打電腦就可多按按減輕疲憊。

攢竹穴——在兩端眉之間，眉頭凹陷處，輕壓揉搓可以感覺到痠脹，能夠讓眼睛消除疲勞，並且能去水滯，早晨起來按壓最適合。

四白穴——位於眼睛正中央的下眼皮處及眼骨處，能清熱卸火、消腫止痛，熬夜時最適用。

迎香穴——鼻頭兩側、鼻翼外緣及鼻唇溝交接點，輕輕按壓能通鼻竅，幫助鼻子血液循環，能防止黑眼圈。

睛明穴——兩眼角尖處，微微用力按壓，能疏肝瀉火、疏經活絡、理氣止痛，眼睛疲憊時最適合。

千萬別以為抹了眼霜就安心喔！首先，不論眼周有沒有細紋，請都以最沒有力氣的無名指沾取眼霜，再輕點在肌膚上。

* 已有細紋：由眼尾開始，回向眼頭的方向，以逆時針的方向，輕抹後用指腹輕拍的方式按摩。

* 沒有細紋：由眼頭開始，向眼尾方向，以順時鐘的方向，按壓塗抹並輕輕點壓按摩。

不同眼霜的分區攻略

有些人一瓶眼霜抹到底，可是浮腫、細紋卻還是存在。其實是因為眼睛應該分成三個區塊，分別是上眼皮、下眼圈還有眼尾。所以當妳在買眼霜之前，一定要先觀察是眼睛的哪一個區塊要使用、問題是甚麼？再對症下藥買所需的眼霜。譬如緊實眼霜抹浮腫的上眼皮就好；除皺的別忘了魚尾紋的眼尾；消除細紋與滋潤的主攻下眼瞼；淡化黑眼圈則別忘了從內眼窩開始按摩。教主現在就是用幾種不同的眼霜喔，一點也不馬虎呢！眼霜記得最好早晚分開用，尤其是在超過25歲以後。白天使用含有高水分及防晒功能的醒膚清爽類眼霜，讓眼部周圍的肌膚呈現睡眠後的活力，而晚上使則可以選擇滋養性強、能修復眼周肌膚的眼霜，並且別忘了無論早晚，都可以先抹擦補充眼周肌膚水分的保濕產品，不同眼周的困擾，不同眼周的對症下藥才能讓眼周肌膚永遠年輕！

教主愛用貨架展示

趕走疲勞─歐舒丹活膚精華眼霜

　　眼周疲累時，很自然就會看起來暗沈或下垂，這是眼睛老化的前兆喔。要讓眼周恢復疲勞，可以用這款眼霜配上眼部的淋巴輕輕按摩，能讓活化眼周細緻的皮膚，上班族、電腦族超適用。

抗老全效─Chantecaille香緹卡鑽石級眼霜

　　當眼部已經開始老化，不論妳睡幾十個小時，還是會覺得缺乏精神與光彩。這款「香緹卡鑽石級眼霜」，價位雖然很頂級，但真的是教主用過滋潤抗細紋中最好用的！能修護並重建眼周肌膚，舒緩疲憊雙眼，並達到最大除皺效果，還可以強效保濕，裡面的成分有緊膚麥蛋白能立即撫平細紋緊緻肌膚，山金車淡化黑眼圈，以及多種豐富的抗老化成分，其中還有珍貴的瑞士薄雪草，可以抗氧化也可以有效抵禦陽光紫外線。用在前額、唇邊也可以一起平撫肌膚細紋。雖然這麼營養好用超全效，但卻不會產生小脂肪粒，甚至還可以把之前的暫時性脂肪粒消除，這可是教主的親身體驗喔。成分裡有教主最愛的胜肽，可以延緩細紋出現。

　　每次當拍戲作息日夜顛倒、熬夜寫稿或大哭之後，我就會乖乖塗抹它。

　　還有啊！愛哭的姐妹們！眼淚很鹹又黏，乾了之後非常傷眼周肌膚，還有一直擦拭淚水的紙巾，也在製造傷害呢！傷心還要長細紋實在划不來！所以啊！再悲傷也要忍住不掉眼淚喔！

074

緊實—Garnier卡尼爾Lift維他命A緊實眼霜

　　不久前見到一位年輕女藝人，好久不見，卻發現她的樣子似乎變了，但卻也說不上來哪裡不同。之後才發現是她的上眼皮變鬆弛了，所以感覺有些蒼老。年輕人有可能貪玩常熬夜，或是長年戴隱形眼鏡，必須每天拉扯眼周肌膚。而從那天開始，我便驚覺上、下眼皮需要使用不同眼霜。這款含有消除細紋的眼霜很平價，緊實效果也不錯，相當適合初級眼周保養。若是前晚睡前喝太多水，或是一下飛機就要工作拍照，也可以塗抹在眼周下方，避免眼袋產生。

保濕—Biotherm碧兒泉水元素激活眼部精華

　　保溼是所有保養的基礎，眼睛也不例外。有時太乾，教主會先塗這款精華預先補給水分，之後再用其他種類眼霜〈但如果是緊實眼霜就要後用，才能幫助鎖水〉，當每日上蜜粉化妝或極度缺水、在飛機上或是到氣候非常乾燥的地點，教主都必備。

妝前日用—La Prairie聰明眼霜SPF15

　　許多人只顧著夜間幫眼部滋潤，卻忘記眼部白天也要隔離和防曬！這款眼霜真的很聰明，日間專用，有SPF15能防曬，微酸的香味也適合提振白天精神，一擦上就覺得眼圈暗沉色素似乎瞬間變淡！因為裡面有特殊光體折射效果，可以修飾眼周明暗度，看起來淡化了黑眼圈，上妝前超適合！

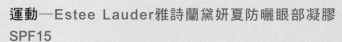

運動—Estee Lauder雅詩蘭黛妍夏防曬眼部凝膠SPF15

運動後膚溫會變高，教主一直在做高溫瑜珈。溫度增高皮膚會乾燥，但上了保養品，汗水會讓油脂融化，眼睛極不舒服。找了好久，終於找到這款凝膠型眼膠！運動時用乳霜狀的都太油膩，流汗時可能還會因溫差而變成白色，很尷尬。能貼心的研發成凝膠狀，真是運動一族的福音。

防曬—Kiehl's 特級保溼眼部防曬膏SPF30

像是口紅般大小相當方便攜帶，轉開是透明的膏條，防曬係數高達30，適合需要長時間曝曬在陽光下時使用。不論是衝浪、打高爾夫球、甚至滑雪都很適用，溫和配方不會刺激眼睛，是我拍外景必備的防陽聖品。

有機滋潤—SANOFLORE滋潤緊緻眼霜

有機的植物性眼霜，乳液狀但擦到眼睛裡也不刺激，擦起來很貼，能立刻感覺緊緻感，滋潤度也夠，喜歡自然派無色無味，超推薦，教主飛機上的好伴侶。

亮采—REVLON skin light魔光幻采亮麗保養遮瑕凝膠

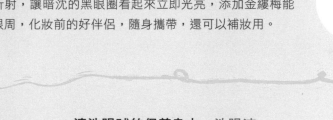

　　像護唇膏一樣的設計，化妝前擦在眼睛下方，能有珠光的
微粒折射，讓暗沈的黑眼圈看起來立即光亮，添加金縷梅能
緊實眼周，化妝前的好伴侶，隨身攜帶，還可以補妝用。

清洗眼球的保養良方—洗眼液

　　曾被讚美自己眼球黑白分明，沒有紅血絲、乾淨有神采。
其實熬夜眼球也有泛黃的時候，此時就會使用洗眼液將眼球
清洗且鎮定。這個習慣已經好多年了！教主還推薦給好朋友
王玥，她還一直說：怎麼沒早點發現這樣好東西！常熬夜、
電腦族、摩托車通勤族…等，眼睛容易疲累受損的都很適
合。你會明顯發現血絲沒有那麼明顯，而且冰涼感是難以言
喻的舒服！除了清潔之外，洗眼液中也有維他命的滋潤保養
成分，用了就愛不釋手，一點也不會給眼睛負擔，不用擔心
傷眼睛喔。

按摩自己來－完美抗皺美眼筆

　　裝上電池後，將拇指及食指輕按在兩側的波能感應器上，
按下電源，然後讓筆尖由內至外搭配保養品，輕緩地在眼周
部分點壓，每一個地方約停15秒，任何時候都能用，對眼袋
細紋最有效，教主都趁通勤搭計程車時按摩。

教主獨門新法DIY

去眼袋茶包敷

材料：黑豆10克、艾葉3錢、紅茶包2包

作法及用法：將藥材研磨成粉，紅茶包一包泡開水一杯。將藥材加上適量紅茶水攪拌均勻，將兩包紅茶包泡熱水瀝乾後沾上攪拌後的藥材，於微溫時敷於兩眼皮及眼袋上，溫敷二十分鐘後取下，用清水將眼部洗淨，要注意不適宜天天使用。

魚尾紋消失眼膜

材料：白芨2錢、菊花1錢、 珍珠粉3g、蛋白半個

作法及用法：將所有藥材研磨成粉，加上適量蛋白攪勻，由眼角處以化妝刷刷向眼尾，其餘部分亦可沿肌理由下往上塗抹，八字紋處及額頭處亦可使用，注意敷臉時要安靜不要有表情，20分鐘後以清水清洗。

黑眼圈溫敷湯

材料：辛夷、蒼耳子、薄荷、升麻、 川芎、高木本各2錢、不織布茶包袋

作法及用法：將藥材沖洗後研磨成粉，加入少許水再次攪拌，放入不織布茶包袋中。放入溫水中煮熱後取出微微瀝乾，將茶包袋敷於兩眼，約10分鐘後洗淨。

消腫菊花敷

材料：菊花2錢、紅茶包1包、水1000cc、小毛巾

作法及用法：將菊花研磨成粉，加1000cc的水與茶包煮20分鐘，將小毛巾徹底沾溼，於微溫時敷於兩眼，約10分鐘後洗淨，適合天生眼皮浮腫，可天天敷。

以上容易過敏者皆要注意！

想要毛孔看不見！
飲食就要刺激都看不見！
Healthy diet gives you healthy skin

毛 上孔的問題分以下幾種，要先知道問題才能對症下藥。毛孔一旦變粗
大是不可能復原的，如果購買的產品說明上註明可以讓小毛孔消失不
見的一定有問題！好的保養品只能解決表面問題，也就是將毛孔表面的開口
縮小，讓肉眼看起來變小而已。不管是溶去角質還是拔除粉刺後擦上收斂
水，也都只是暫時性的縮小毛孔。醫師也說了就算是使用藥品級的A酸，都
要擦上5到10年，才能減少皮脂腺分泌進而縮小毛孔。所以強調看起來毛孔
縮小的產品，才是負責任的產品說明喔！

　　還要記得平常清潔不要過度，以免當油脂減少的時候，會渴望被修復反而
分泌更多油脂。一旦肌膚表面被阻塞，清除後有空洞變成毛孔粗大，要修復
就很難。想擠之前最好乖乖的先熱蒸毛細孔，讓它自然張開，千萬不要用手
的指甲擠，非常不乾淨。用貼布式的時候一定要沾多點水再貼，撕下來時要
由下往上，一點一點撕絕對不可以用力。

　　而即使是皮膚表面的塗塗抹抹，更重要的是生活以及飲食習慣上都要很注
意！盡量減少熬夜的可能，生活作息正常，適時抒解壓力保持好心情，避免
刺激皮脂腺分泌，都是縮小毛孔的生活功課。教主知道做起來很難，不過像
教主就是不菸、酒也喝的很少，平時生活裡的飲食更是非常注重。像就算夏
天再熱，也要少喝冰冷或含過多碳水化合物以及含咖啡因的飲料。少吃辛
辣、油炸等高熱量食物或調味醬過多的（芥末、美乃滋、沙拉醬、碳烤醬等）
的食物，才能確保毛孔細緻、不長痘痘。否則再好的保養品都只能維持表面
功夫喔！

 ## 毛孔的最高機密大解析

　　好多小北鼻的臉蛋摸起來光嫩平整，毛細孔就像水蜜桃般細滑得彷彿沒有
毛細孔，但是我們長大以後，卻會開始發現臉上出現小小的坑坑洞洞，到底
為甚麼毛孔會變粗大呢？

Ⅰ.粉刺油脂阻塞—有些人覺得自己是油性皮膚，就不敢加強抹油及保濕，反而會讓皮膚表面更乾燥出更多的油，於是就變成了外油內乾的膚質。嚴重的時候，不但痘痘粉刺一起來，還會脫皮掉屑苦不可言。所以擦上去痘痘的藥膏後最好再擦上一層凝膠狀的保濕產品，在去油的同時加強保水。還有夏天時大家都很注重防曬，而且防曬產品的係數也用得越來越高，當這些具有遮瑕效果的防曬品沒有徹底卸除時，又或者是平時不注重洗臉及卸妝，都會造成毛孔阻塞，撐大我們的毛孔。油性肌膚的人最好不要使用含有礦物油成分的卸妝油卸妝。避免角質層增生過度，皮膚代謝變得紊亂不正常時，便會阻塞毛孔變成粉刺，將毛孔撐大。有時候粉刺還會造成毛孔根部慢性發炎，惡化成青春痘。

教主建議敷面膜時，可以選擇高嶺土或天然泥的泥膏型敷面膜，幫助吸附皮膚表面的油脂，讓角質剝落改善粉刺。油性肌膚可1～2週使用1次，乾性或敏感性肌膚2～4週1次就足夠了。

Ⅱ.荷爾蒙分泌失調—當我們在青春期時，身體會受荷爾蒙影響，皮膚的油脂量分泌會變得非常旺盛，而當皮脂腺變大後，毛孔也跟著被撐大。尤其是眉頭還有鼻翼兩側等容易出油的T字部位。而男性的毛孔會變的更粗大喔！這全都是因為雄性荷爾蒙的分泌作祟。有人形容就像油田產量增加，油管自然也會跟著變粗一樣。而在生理期前後，包括教主、很多妹妹都會在下巴、鼻頭或兩頰長出青春痘，也是因為油脂在這時候分泌的比平時更旺盛。如果加強護理，不隨便擠壓拉扯，反而可以能讓毛孔得到呵護。反之還可能變成發炎，然後留下疤痕。

選擇能讓皮膚角質代謝比較好的成分，像在很多治療青春痘的藥用保養品中都可以看見的果酸及水楊酸，能幫助加速老廢角質的脫落，改善毛孔的阻塞。而水楊酸刺激性比較低又是脂溶性，比較容易滲透入毛孔之中，很適合皮膚敏感有粉刺或固化皮脂堆積等問題的人。

當然如果過了青春期，身體內的雄性荷爾蒙依然不減，那麼毛孔擴張的問題就還是會依然存在，所以才會有傳說某些女生會吃避孕藥來減少青春痘，胸部還跟著脹大的說法。但到底有沒有效呢？其實是因體質而異喔，而且長期服用

對身體還是會有負擔的，更不必為了皮膚出油問題而去影響全身的荷爾蒙，所以教主不建議喔。

Ⅲ.老化的成人水滴狀毛孔─30歲以後毛孔周圍皮膚的結締組織鬆弛，支撐力不足，就算沒有擠壓、拉扯毛孔還是顯得粗大，呈下垂的橢圓形。有些人會說是前一晚熬夜或最近太累，所以毛孔都張開了。認為是疲累或壓力大所造成，只要好好的睡一覺就能恢復，但其實皮膚老化才是真正的原因。而如果妳已經過了熟齡，毛孔的形狀又是橢圓型的。就是老化型毛孔，此時最重要的就是延緩皮膚老化的速度。可以選擇現在的當紅成分如Q10，茶多酚或者是維生素A、C、E、凱因庭、膠原蛋白等能抗氧化的保養品，而大豆異黃酮有天然女性賀爾蒙之稱，多喝純豆漿或塗抹含有大豆異黃酮的產品，多少也會有幫助。

Ⅳ.皮膚過度刺激擠壓型毛孔─結很多妹妹們愛擠粉刺和青春痘，又或者是覺得皮膚出油就不停的去角質。這個步驟一直都是很受爭議的。去角質和擠青春痘能將老舊堆積的角質去除，使皮膚表面光滑平整，改善粗糙黯沈的感覺，促進皮膚的更新讓肌膚變的有光澤，更可以幫助保養品的吸收，有活化肌膚的效果。但是去角質的方法以及程度正不正確，還有甚麼樣的膚質，在甚麼樣的狀態下適合去角質，反而是一大學問喔。常常我們在護膚沙龍，護膚小姐會幫我們刮去或用擠壓的方式去角質。但當我們自己在家中擠壓粉刺前，沒有先讓毛孔以熱度自然蒸開，在擠壓後又沒有即時的幫助毛孔收斂，久而久之毛孔就擴張，變成一個很明顯的漏洞。那是因為毛孔附近的皮膚已經受傷而纖維化，形成小凹疤及色素沈著，於是毛孔就更加明顯。

現在還有很多DIY的換膚產品，可以買回家自己做簡單的換膚。但是這類化學性換膚去角質的方式，更需要注意濃度和停留時

間，不能過度。而且並不是每個人都需要這麼深層的去角質喔。如果角質層本身已經脫落正常、沒有堆積，當然就沒有這種需要。

　　至於擠青春痘更是頗受醫界的評議。大部分的醫師認為成熟的膿皰，比較可以加以清除，但囊腫、丘疹和粉刺則不建議處理。而清除的時候因為會造成傷口，所以消毒的乾淨與否非常重要。不去擠壓當然是最好的方法，但如果已經形成漏洞，可以先求助皮膚科醫師，免得不適合或者是用量不當，反而造成紅癢刺痛或脫皮。很多醫師會採用屬於藥品範圍的A酸。A酸除了能將毛孔深部清潔避免過度角質化，還同時可以刺激膠原蛋白增加，進而改善凹疤，增加皮膚的彈性。不過A酸的光敏感性很強，出門的時候一定要記得做好防曬。

　　　　　　　收斂型化妝水，如果選擇酒精或醇類比較重，容易使皮膚乾燥，不適合中乾性、敏感膚質。在保濕的部分，可以選擇含有果酸、水楊酸的成份。不過水楊酸類約擦兩三個月才會有效果，而濃度應在5～10％（超過列為藥品），低於3％就無法促進角質代謝，購買時要注意。油性或痘痘肌膚的人，應該注意選擇不含致粉刺性成分的化妝品，或無添加油脂、防腐劑、香料的礦物粉質的較天然彩妝品。出門時盡量使用清爽的防曬乳液，而不是一般的隔離霜。

清潔毛孔四步驟

　1. 用熱毛巾蒸開毛孔。

　2. 按個人喜好使用磨砂類、擠痘棒（記得消毒）、妙鼻貼（鼻頭一定要微溼）等清除粉刺。

　3. 清除後使用收斂化妝水倒在棉花上，讓棉花稍微揮發，然後按敷一分鐘。

　4. 為了保持油水平衡，收斂後要再使用保溼乳液，這時千萬不可再擠壓臉部肌膚，盡量用含酸性保濕品，遠離鹼性皂鹼類。

教主愛用貨架展示

一、 毛孔好潔淨

熱漲冷縮－小林製藥發熱效果小鼻

　　利用熱敷的原理，將毛孔蒸開後再清潔乾淨。將清洗過後的鼻子用熱膠塗上去後按摩，幾秒後就馬上用溫水清潔，屬於漸進式的，雖然不是速效型，但還算溫和，之後冰敷，很過癮。

毛孔橡皮擦－Sony CP第二代小鼻粉刺擦布

　　橡皮擦形狀的毛孔清潔棒，添加了AHA可一邊去粉刺一邊軟化角質，當中含有金縷梅可邊搓邊收縮毛孔。記得第一次使用時要先在手上推滑之後再往臉上塗，才不會過度用力喔！

教主最愛－Clinique毛孔緊緻熱感磨砂膏

　　有細細的去角質顆粒等於蒸臉及清潔一次完成，雖然搓的時候熱熱的，但之後馬上有清涼感，只需用在鼻子及下巴，注意不要過度使用。

用了安心－海斗洗顏前毛穴落

　　有淡淡的柑橘味，屬於可每天使用的毛孔清潔劑，只要在洗臉前一點點的搓在鼻子上再洗臉，透過這每天一點點就能將毛孔阻塞慢慢的清除，教主還滿相信的，所以天天使用。

最安全－Avene 雅漾Cleanance

　　如果皮膚敏感、又毛孔粗大，洗淨時很容易刺激，但這款超溫和，不起泡沫，洗完也很乾淨，推薦給敏感肌的人。

毛孔去角質－Kiehl's天然顆粒去角質乳霜

　　能安全溫和的清除皮膚表面老化細胞，加速更新、使毛孔細緻，顆粒超細，按摩在鼻頭清乾淨後有暢快感，記得不要拼命搓，30秒後用水沖掉即可。

縮小越來越大的洞洞
適當的保養絕不可少！

油脂是熟齡期的天然「保濕因子」

　　其實皮膚愛出油也不是沒有一點好處喔！因為油性皮膚的人雖然在青春期的皮膚油脂分泌比較旺盛，很容易堆積在毛囊口造成阻塞，變成痤瘡痘痘或粉刺，但是當年齡漸漸增長以後，皮膚分泌的油脂分泌卻成了天然「保濕因子」般的天然保養品。當熟齡以後油性皮膚有了油脂的滋潤，會比乾性皮膚的人老得慢。皺紋也比較少，反而看起來比乾性皮膚的人青春美麗。

　　很多油性皮膚的妹妹們會拼命洗臉，但正確的保養觀念，並不是把臉部的油脂全部洗光光，而是學會「控制」油脂的分泌，正確的控油，才能向「油光」說掰掰。

趕走油光 臉上再也沒有反光板！

I.清潔

　　將洗臉的次數增加，使用油性肌膚專用的溫和洗面乳多洗幾次。而在洗臉的時候記得要用冷水，然後用油性皮膚專用的洗面乳，先洗淨額頭、鼻樑到下巴的T字部位，沖洗時自然的帶到其他部位，不必特別按摩臉頰，避免臉頰變乾，並且洗完後立即用水沖乾淨。

　　如果沒有辦法洗臉時，也可以用吸油面紙。不過些人覺得吸油面紙愈吸愈油，其實油不油跟吸油面紙根本無關，因為油性肌膚的人臉上的油，本來就是不停的在冒。如果有化妝習慣的人，記得一定要卸乾淨，尤其是具有遮瑕效果的防曬用品更要卸除。現在有很多高係數的防曬油，還會附帶專用的清洗乳液，也是可以搭配使用的好方法。

　　很多醫師認為，在洗臉後擦上收斂型化妝水，並沒有太多意義。因為收斂型化妝水，其實只能在擦上去的時候降低皮膚的溫度、暫時收縮毛孔。不過現在有些成分像金縷梅等，能讓張開的毛孔感覺清爽，所以即使醫師主張收斂化妝水不一定有用，但乖乖的用棉花稍微揮發後，敷在毛孔粗大的部分，討個安心也好。不過收斂型化妝水很多含較高比例的酒精、醇類，容易使皮膚乾燥，所以中乾性或敏感膚質在使用時一定要小心。

　　油性肌膚的人最好避免使用含礦物油的卸妝油來卸除彩妝，因為成分比較容易阻塞毛孔，雖然是油性肌膚，一天洗三、四次臉就已經很足夠了。清潔完之後一定要記得保濕，免得肌膚太乾燥，反而出更多油變成外油內乾。

II.增加代謝加強保濕

　　如果是油性肌膚最好用冷水洗臉，洗完臉後無法洗淨所有的油脂，所剩的一點油脂就當作「天然保濕因子」，因此皮膚上就可以先不要再擦任何的保養品，以減少阻塞的機會，只需要在容易乾燥的眼睛周圍擦上保濕的眼霜。白天記得要擦防曬乳液，眼睛周圍也不可以馬虎。

　　現在有很多控油產品，例如很細小的微粒如矽、微粒海綿體等。但都不是真正的在控制皮脂分泌，而是將油脂吸附，實際上臉部卻還是在出油的。但

有很多人使用控油產品後，會覺得臉部比較乾爽，尤其鼻頭的部分也比較好上妝，只要感覺舒適，要使用也可以。

最後就是挑選能使皮膚角質代謝較好的保養成分，例如已經提到過的果酸、水楊酸，只不過果酸、水楊酸類約擦2-3個月才會感受到效果，還有如果是低於3%以下就沒有用了，購買的時候別忘了看說明書上的標示。

其它如藥品範圍的A酸，應該依醫師指示使用。而熟齡肌的人最好搭配抗氧化類型的保養品，以減緩皮膚老化的速度。

III.敷面膜

油性肌膚1～2週要敷1次，敏感性肌膚則可以視情況而定，次數不要太多。選擇可以吸附油脂的高嶺土或天然泥等成分的泥膏型敷面膜，幫助讓角質剝落，改善粉刺。也要注意多敷保濕面膜，但選擇不要太黏稠的精華液狀。至於太營養的安瓶式面膜，還有密封式的果凍面膜都比較不適合敷太多，觀察敷完後的肌膚幾天內油脂的分泌是不是更旺盛，就可以判斷適不適合自己的皮膚。

有一陣子很流行的拔除式粉刺貼布，雖然很方便但除了粉刺之外，也會將皮膚的正常角質給撕除，很容易會傷害到毛孔周圍皮膚，用的時候要小心。

習慣定期做臉護膚的人，一定要選擇好的美容沙龍。消毒清潔習慣都有保障，否則在使用夾子夾粉刺或小鐵棒擠壓時，若操作不當，很有可能會引發過敏發炎，使得皮膚受傷，讓痘痘更加惡化。

IV.彩妝

在購買化妝品時，不要別人說好的就跟著用，應該要找出不含致粉刺性成分的化妝品，或者是無添加油脂、防腐劑、香料的礦物粉質彩妝。至於沒有防曬功能的隔離霜，只不過是增加彩妝的吸附能力，還不如使用清爽的防曬粉底乳。

現在有很多夏季的粉底強調不含油，讓臉部不會泛油光。也是一種選擇。也有些強調把毛孔變不見的遮瑕粉底，只是運用了光線折射的效果，降低毛孔空洞和周圍正常皮膚的落差，粉體粒子都大於毛孔，所以不用擔心會阻塞，只

要徹底卸妝就沒有問題。而有珠光折射的彩妝也有一樣的效果，大家可以試著找出最好的方法。至於厚重帶油的粉底霜或密不通風的乾粉一定要避免使用，免得更阻塞毛孔。

　　洗完臉擦上化妝水後，用冰毛巾稍微按壓臉部後再上妝，可以讓臉部的溫度降低，讓彩妝停留得久一點。

　　補妝時先用吸油面紙或面紙吸掉多餘的油脂，用乾濕兩用的粉餅，不要拼命壓粉，而使用的海綿一定要天天清洗，免得痘痘沾上細菌，也要養成不摸臉、勤洗手的習慣。

教主愛用貨架展示

二、毛孔化妝水

又油又粗大—Dr. Eslee毛孔緊膚露

　　含有收斂毛孔最有效的金縷梅以及微量的酒粕，按在皮膚上不會刺痛，使用化妝棉或用手輕拍臉部都可，毛孔大的人可以在擠完粉刺後5~10分鐘濕敷效果很好，是現在教主偶爾有粉刺困擾時所使用的產品。

長期保溼緊緻—JIPY毛孔緊縮保溼化妝水

　　適合年輕肌膚使用。由於刺激性較低，毛孔粗大的人可以天天使用，也有預防毛孔變大的功效。含有一點玻尿酸所以保溼效果好，乾性肌膚也很適合。

最貼心—Ettusais荳蔻雙T面膜/收斂化妝水

　　這個品牌針對毛孔有出一系列的清潔保養品，不想傷腦筋的女孩可以一次購買，再加上品牌老，品質一定不差。有T-zone面膜及收斂化妝水、精華液等產品，可先敷面膜後再敷精華液，過敏性肌膚也可使用。

最清爽—Avene 雅漾C清爽控油化妝水

　　洗臉後，可以倒一些在卸妝棉上，稍待1秒揮發，然後敷在需要消炎或縮小毛孔的地方約30秒取下，因為很溫和，所以可以天天使用，用完後記得要擦保濕乳液。

控油兼防曬—MOLTON BROWN instant matte SPF15

　　又要控油又要防曬，這麼貪心，卻真的有這樣的產品耶！化妝前擦在鼻頭上，能馬上就感覺油份被控制，化妝品不易脫落，也不會反光，超好用的一瓶。

 求教教主S.O.S

1、髒空氣會不會導致痘痘或黑頭粉刺？

　　粉刺是毛孔角質化過程中的自然產物，只是有的人較明顯、有的人較不明顯，這種角質化物質含有油脂成份，當接觸外界空氣的自由基，或是經過紫

外線作用後，會產生氧化現象而變黑，就會形成黑頭粉刺了，所以黑頭粉刺並不是毛囊中有灰塵所致喔。

2、生理期前後肌膚變差怎麼辦？

生理痘一直也是教主的困擾，尤其是生理要來的前一星期，不但體溫變高，腰痠背痛還能感覺小腹脹脹的，這就是俗稱的黃體期喔！

這個時期卵巢會分泌出黃體激素及雄性激素，使得油脂分泌急速增加，角質也更粗厚，而且還會水腫。教主總是在下巴上會長出好大的痘痘，比較好的方式是計算好生理期來臨前就開始勤加敷臉加強保溼，當然熬夜狂歡就要避免，也不要吃刺激性食物。有很多女生會在這時候吃很多的甜食，認為不容易發胖，如果真的要吃，還是吃純黑的巧克力還能抗氧化。

當痘痘冒出來後不擠壓，乖乖的早晚擦藥，泡澡保持好心情。而在生理期一結束後，痘痘消下去時，可以立即開始機能性的保養，像含有A酸衍生物、左旋C、熊果素、果酸等成分的保養品，可以避免痘痘留下來黑黑的疤痕，這時候皮膚的吸收能力是最強的，好好保養更能讓皮膚明亮細緻。

3、痘痘又大又有膿該怎麼急救？

如果痘痘已經變白有膿頭，首先就熱敷，然後將雙手洗乾淨，輕輕用棉花棒將痘痘擠破。很多人用紙巾，但因為擠的時候多少都會用力，紙巾如果破了指甲擠壓到傷口，就會很容易發炎。而且紙巾比棉花粗，一直在皮膚上拉扯也不好。擠完後要立刻擦上藥膏，不再碰它。每天小小冰敷一下消腫，也很有效。如果膿還沒有凸出皮膚表面，用茶樹精油以棉花棒沾上後按摩痘痘處，然後塗上含有維生素E的軟膏，一樣每天冰敷，超有效。

4、有痘痘想化妝，又怕化妝會使它惡化，該怎麼辦呢？

在洗好臉以後，用化妝棉沾上冰過的收斂或抗痘痘的化妝水，貼在毛孔或

痘痘上冰敷約一分鐘，能鎮靜痘痘。然後抹上保濕產品，接著用控油的產品讓凹洞不明顯，最後擦上防曬油，然後開始打粉底。

　　很多人都以為皮膚油，就應該多用乾粉，但因為痘痘藥膏多少都會讓油脂乾燥，因此在化妝幾小時後，痘痘不但蓋不住，反而會乾燥凸起還與粉底的顏色縮成一團。所以教主建議還是用保濕性高的粉底，蜜粉少用，如此幫痘痘吸油補妝的時候，也比較容易和乾淨。

　　選擇珠光的產品，可以將毛孔的凹洞折射，看起來皮膚就比較平整，現在有很多遮瑕膏都有抗痘成分，也是一個好選擇，但厚重的粉底霜或乾粉一定要避免使用，免得更阻塞毛孔。

教主愛用貨架展示

三、抗青春痘不留疤痕

3M痘痘隱形貼
　　貼紙是透明的，所以可打粉底在上面，很適合化妝前使用。

PHAREX戰痘貼布
　　含有青春痘最常用的成分─茶樹萃取，屬於精油型很溫和，可在睡前使用。

Purederm青春痘貼布

　　添加保濕蘆薈可避免在消痘的同時脫皮，適合成人痘與乾性肌膚。

Pimpless 1號痘立消

　　在大陸的助理有陣子長了滿臉痘痘，教主就四處打探，結果很多人都説這瓶有效。使用之後真的改善不少，所以現在在對岸很搶手呢。

The Body Shop茶樹棒

　　男女皆宜的棉棒式去痘痘產品，內含有茶樹成分，可將初期紅腫的痘痘改善，教主雖然痘痘不多，但家中一定會擺一支，等冒出紅紅的初期，立刻使用。

Ettusais荳蔻局部調理面膜

　　根據生理期荷爾蒙分泌週期所設計的產品，如果在生理期時會長痘痘的人可於前三天開始每天晚上敷，痘痘果然會被控制住喔！而萬一真的留下痘疤還可以用搭配的美白產品，一舉數得。

Mentholatum曼秀雷敦Acnes藥用抗痘凝膠
　　化妝師推薦使用產品，在工作又忙又累、荷爾蒙失調時使用，溫和不會脫皮，很適合塗在大面積性的痘痘上。

歐婷優疤軟膏
　　已經產生痘疤的人這支很有效，可美白又可促進傷口癒合，推薦給傷口已經化膿且快結痂的人使用。

教主獨門新法DiY

潛伏期退痘敷
材料：桔梗、桑白皮、牡丹皮各兩錢、礦泉水30cc
作法及用法：將藥材研磨成粉與礦泉水攪拌，敷抹於臉部痘痘處，30分鐘後洗淨，適合痘痘紅腫發硬初期，及生理期前的賀爾蒙痘。

化膿痘痘洗顏水

材料： 大黃、硫磺各20克，礦泉水60cc

作法及用法： 將藥材研磨成粉與礦泉水攪拌，敷抹於臉部痘痘處，20分鐘後再以剩下的藥材水洗淨，發作時可每天敷用，適合化膿及較大的痘痘。

淡疤潔痘敷

材料： 八花蛇舌草、薏仁各3錢、不織布茶包袋、水五碗、市販面膜紙、大黃、硫磺各20克，礦泉水30cc

作法及用法： 將藥材研磨成粉放入不織布中，加水五碗，大火煮開後，用小火煎煮成兩碗。用面膜紙沾飽藥湯，於微溫時敷於臉部，約15分鐘。發作嚴重時可每天敷用，能淡疤消除發炎。

敏感脂溢敷

材料： 苦蔘、白癬皮、地膚子各2錢，礦泉水30cc

作法及用法： 將藥材研磨成粉與礦泉水攪拌，薄薄地敷抹於臉部，避開眼唇、髮際，待20分鐘後洗淨。適合會發癢的脂溢性皮膚炎。

保水平衡敷

材料： 綠豆、白芷、麥冬各2錢、礦泉水30cc

作法及用法： 將藥材研磨成粉與礦泉水攪拌，薄薄地敷抹於臉部，避開眼唇、髮際，待20分鐘後洗淨。適合乾性的脂溢性皮膚炎。

綠茶粉刺面膜

材料： 綠茶粉末10克、蛋白半個（或蜂蜜兩大湯匙）、綠豆粉10克

作法及用法： 將綠茶粉、綠豆粉、蛋白均勻攪拌，敷抹於臉部，避開眼唇、髮際，鼻頭處可厚敷，待八分乾後洗淨。能幫助皮膚清潔，蛋白能吸附毛孔污垢，粉刺多的地方乾了以後，可以輕輕揉搓更有效。

以上容易過敏者皆要注意！

A poll-
like face

給我一張超小娃娃臉！

大家都知道睡前喝太多水會腫，但是喝太多含鈉的飲料更會水腫，例如市販蕃茄汁、果菜汁等都是含鈉很高的。而臉部水腫是會累積的，慢慢就會讓臉部鬆弛，看起來疲憊。所以消除水腫可是瘦臉的第一步喔。

　　現在的瘦臉霜中最常見的塑臉成分有葡萄柚精油、黑藻、咖啡因、天竹葵精油、金雀花、Garcinol、山葉藻等等。如果要幫助自己的臉部淋巴引流按摩時，可以用葡萄柚或天竹葵精油，調配基底油或乳液來幫助排毒按摩。葡萄柚精油的排水效果超佳，味道也很能舒壓放鬆，不過因為是屬於柑橘類，光敏感性很強，盡量不要在白天使用。

找出臉胖的元兇　大臉變小臉！

　　I.脂肪—全身性的肥胖時，肥胖不僅會積聚在腰間和四肢，臉部也容易堆積。所以想要單單瘦臉幾乎是不可能的。不過也有些人身體很瘦，臉上卻很多脂肪，此時就要多做臉部運動，勤加塗抹臉部緊實霜。

　　II.面部骨骼—有人天生臉部的骨骼架構發達，像俗稱國字臉的方形骨架就是一種。如果是天生骨骼問題，那麼無論妳有多瘦，也不可能變成一個小臉，唯一的辦法就是求助整形外科。

　　III.臉部肌肉—有些人的臉部咬肌發達，也是胖臉的因素，現在有很多人將肉毒桿菌打在咬肌的部分，讓肌肉暫時性的萎縮，真的很有瘦臉的效果。　而水楊酸刺激性比較低又是脂溶性，比較容易滲透入毛孔之中，很適合皮膚敏感有粉刺或固化皮脂堆積等問題的人。

　　IV.水腫—臉部水腫的原因很多，尤其是在生理期前的幾天。因為這時體內的黃體素增高，淋巴系統出現功能性障礙，所以水分和毒素都比較難以排出，使得血管擴張，於是水分自血管滲出並滯留於組織內，看起來是臉部水腫。而喝酒或睡前喝太多水，吃的鹽份過高，還有太刺激的辛辣食物等都會水腫。身體的免疫系統不好時，也會水腫，多多泡澡、睡前少喝水，都是預防水腫的好方法。

Ⅴ.肌膚鬆弛—隨著年齡的增加，頸部和雙頰的臉部肌膚開始鬆弛下垂，看起來彷彿是多了一些皮膚的長度，使臉部感覺不緊緻而顯得龐大，所以保持肌膚緊緻也是很重要的。

瘦臉10大心法獨家傳授

1. 身體及臉部都要運動——經常做一些簡單的臉部運動，能有效地保持面部肌肉的張力。而如果是下巴、頸部脂肪較多的人，可以在打電腦的空檔，每天做10分鐘低頭、揚頭、側轉頭等動作。動作幅度不用太大，以免引起頭暈。常常將頭部後仰，讓雙手支撐頸部，讓頸部完全放鬆，可以避免出現鬆弛雙下巴，並且可幫助消除頸間的脂肪。

2. 檢查你的飲食內容——進食時最好慢慢咀嚼食物，可以鍛鍊臉部肌肉，減少咬肌發達的機會，平常盡量少吃口香糖。在平日可以多吃消腫利濕幫助排水的蔬果，像薏仁、冬瓜、西瓜等。還有可以幫助身體水分新陳代謝的海藻類食物，如海帶、髮菜、紫菜等，都有幫助。

有很多人認為早晨起來喝一杯咖啡可以幫助排除多餘水分，但是教主建議用溫水放些鹽，喝鹽水更好。含鹼性太高的食物、或太鹹太甜都要避免。

3. 改變你的生活習慣——枕頭太高的睡眠習慣，會讓臉部浮腫；快速的淋浴習慣無法幫助新陳代謝也不好，最好是養成睡前泡澡的習慣，加強身體的代謝功能。洗完澡後趁著臉部發熱、毛細孔張開時，配合瘦臉霜加強按摩臉部，會有很好的緊實效果。更重要的是要遠離煙酒，煙酒會破壞維生素C，盡量不熬夜，而太誇張或面無表情的講話方式也都需要改變，免得讓皮膚彈性越來越鬆弛。

4. 利用熱脹冷縮——每天洗臉時，可以用温水冷水交替洗臉，來促進臉部的血液循環及新陳代謝，也可以在泡澡後冰敷雙頰。現在有些瘦臉霜還會有發熱感，冰敷完後記得保濕擦上彈力霜，讓肌膚保持天然彈性。

5. 保養按摩不可少——常常按摩臉部加強代謝，增加皮膚的膠原蛋白，使用具有緊膚成分的保養品，防止臉部肌膚因為失去彈性而漸漸鬆弛。按摩時可以按摩肌肉幫助肌肉放鬆，也可以按摩淋巴幫助淋巴排水排毒，還有臉部穴點式的按摩，可以活絡新陳代謝，這些按摩法交替使用，能讓臉部看起來緊實且健康。預防紫外線防曬也要做好，免得陽光導致肌膚失去彈性，破壞膠原蛋白。

6. 調節好精神狀態——保持身體良好的姿勢，不要經常經常垂頭垮臉，或者是表情呆滯，多多微笑讓嘴角上揚，免得使面部及頸部的肌肉鬆弛，慢慢變成熟齡的鬆弛脂肪堆積在下巴上。

 教主獨創

小臉按摩術！

每天幾分鐘的的按摩，能幫助臉部的水份及淋巴代謝，再配合瘦臉產品，效果更好！而按摩的方式有好幾種，先找出妳的問題，然後針對妳的需要去進行不同的手法，才會徹底解決喔！

A.臉部表情操

對著鏡子做出咧嘴笑、縮雙頰、張嘴笑和睜大眼等四個表情，每次3分鐘。

或者是説日文的五個母音啊～咿～唔～欸 ～喔～，每一個字母都是長音，共五次。再來就是常常抬起頸部拉提下巴預防鬆弛。

B.臉部淋巴引流按摩術

記得手法一定要輕柔，而精油類產品會比油霜狀產品更適合。

百會穴

先將較多量的精油放在手心，兩手輕貼增加精油溫度，在臉上均勻分佈。然後將手掌心貼著下巴，大拇指則在臉頰與下巴的連接處，一起慢慢推向耳際。大拇指最後在耳際微微施力畫小圈狀按壓。

將兩手手掌攤開，不要按到眼睛，然後從臉頰的中央，輕推向耳際。

將手橫放在額頭處，兩手交錯，由眉頭處向上滑動，一直到頭頂百會穴後，輕壓頭頂的穴位，消除疲憊，放鬆頭部筋骨。

將前三個動作反覆三次至五次，用兩隻手指的指腹，由額頭中央，順著臉頰往下滑，最後停在耳下，然後輕壓五次，將臉上的老廢物帶到淋巴結去排出。

然後以雙手掌心貼緊頸部由下往上至下巴處，雙手來回交錯輕推六次。

將兩手互疊放在頸部接近下巴處，然後由上往下以兩手手指指端輕輕往下滑，一直到鎖骨處，輕按鎖骨中央，來回約六次。

從額頭輕壓然後推滑到臉頰耳後，再滑向頸部、帶到鎖骨，接著一直滑到腋下的乳腺處，腋下乳腺的淋巴結很多，一定要輕。

教主愛用貨架展示

輪廓再現－Shiseido Lostalot Faceline Effector

　　這是Shiseido第一罐瘦臉霜，在日本很風靡至今已經好幾代了，含有番石榴，呈現凍蜜狀，放在冰箱再拿出來配合按摩使用，早晚不懈怠只要三個星期就有明顯效果，還可代謝臉部多餘的水分與脂肪。

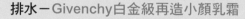

排水－Givenchy白金級再造小顏乳霜

　　含有綠茶具緊實功能，排水效果好，適合時常有水分滯留臉部者，不只臉部、輕輕按壓上眼皮也能讓水腫眼皮消除。

提升－Estee Lauder白金極致賦活凝霜

　　已經記不得這是教主用的第四罐還是第五罐了，每次用完都覺得自己的八字紋在移動，用完後第一天就感覺肌肉往上拉提，在化妝水後使用配合按摩效果更好，適合熟齡肌膚。

緊緻－Q10 Charming光妍緊緻精華凝露

　　這罐分子密度較大，可在肌膚熟齡後表層鬆弛、脂肪減少時用，用後會增加緊實度且質地清爽，很適合夏天。

修護－Shiseido Lift Fix & Face

　　雖然在台灣還未發售，但因為價位不高在日本頗受歡迎，可用於眼尾、八字紋、臉頰下方，以圓圈狀按摩可以把移位的肌肉修護，睡前可針對眼尾拉提。

向上提升－Guerlain緊緻拉提精華液

　　教主一向對廣告詞沒有抵抗力，由於它標榜有外科手術的效果，所以買來試試看。而現在有持續使用的習慣，感覺慢慢下降的皮膚往上提了，在拍照一個半小時前使用效果很佳，屬於即效型的臉部按摩凝膠。

瘦臉按摩－Inida Esthe

含有古印度傳統精油的秘方－褐棗，不速乾但很好推，一個
星期二次擦完局部，再按摩全臉可達到緊緻拉提效果。圈內女
星都愛用。

教主獨門新法DIY

貝母蛋白緊膚敷
材料：
黑芝麻兩錢、蜂蜜少量、蘆薈一片、橄欖油5cc
作法及用法：
將薏仁、貝母研磨成粉攪拌蛋白，沿著肌理，以化妝刷由下往上塗抹，避開
眼唇、髮際，待8分鐘後將臉部清洗乾淨。

以上容易過敏者皆要注意！

Day / night
cream brings
elasticity

日霜、晚霜　霜霜合一
美麗彈性天下無敵！

教主本身是日晚霜的愛用者，因為有時候實在太忙、太累，無法按照正常程序保養時，就會用營養一點的日晚霜，一次搞定。有些人可能認為日晚霜分開使用很麻煩，為何不乾脆一罐到底？但是日晚霜的功能大有不同，裡面的成分更是已經為消費的妹妹們，分成日夜肌膚的需要而設計，所以最好還是日夜分開使用，千萬不要怕麻煩。尤其當日間充斥著各種繁忙的工作內容及壓力，還有賀爾蒙及內在情緒不穩定、外在的空氣污染和紫外線照射等，都會對肌膚細胞造成的各種傷害，使肌膚看起來疲倦、晦暗、乾燥，並且導致肌膚老化、失去潤澤。所以當一天快結束時，各位妹妹們不但應該慰勞自己的心，也應該好好呵護自己的臉部肌膚予更豐富的營養與滋潤。

日霜、晚霜能否不分日夜使用？

雖然產品上標寫著晚霜，但如果一定要在白天使用，保養品裡的成分及功效也並不會因此而消失。不過日夜間所使用的保養品，在質地上會有些區別。通常日用保養品在質地上會比較清爽，也方便後續上妝，而有些晚霜也許有感光性，不適合白天使用，因此若妳一定要早晚兼用時，不妨直接購買不分日夜的乳霜，或仔細參照成分是否適合顛倒使用。

日霜方便簡易

日霜則主要是保護皮膚。它可以幫助抵禦冷氣、日曬與風吹的傷害，現在有些日霜能直接防曬抗UV、還有防抗污染、隔離外在傷害。因此有些日霜能當飾底乳可直接上妝，不用再另外擦隔離霜或保濕乳。有些日霜的價錢偏高，但卻非常全效，對於忙碌的現代人來說，早上醒來洗完臉可以只擦一瓶就出門，是超級方便省時的好選擇。

不過如果日霜的防曬係數不夠高，還是要另外使用防曬油或防曬乳。

晚霜絕對不可少

晚霜主要的功能是修護。有許多晚霜多都含有有保濕、抗氧化、緊緻及修

護等複方的功能。由於皮膚細胞在晚上進行更新，所以才會建議在睡前使用。肌膚修復保養最有效的黃金時間，是每晚的10時至凌晨2時，也是我們中醫說的走到肝經的時間。在這個時段裡肌膚細胞分裂的速度比平時快8倍左右，也是最活躍及活動力最強的時段，因此能夠最大限度地吸收保養品中的營養成分。

而一般來說晚霜的油脂含量都比較高，夜晚皮膚表面的水分流失會很快，因此油脂反而會得到更好的吸收。當我們在睡眠狀態時，也減少了白天的移動和出汗，臉上也不再有防曬用品或彩妝的覆蓋，所以入睡前擦上任何一種保養品，都會相對的更純淨和可以直接吸收。

在晚霜中的所含的油溶性成分，能溶解在毛孔的皮脂內，並且在皮膚的深層迅速擴散開來，被肌膚細胞廣泛的吸收。而晚霜裡面所富含的養份，更能有效防止皺紋及讓細胞更新，由於晚間的新陳代謝比較快，所以保養品的吸收也會更好。

使用晚霜時，可稍微按摩幫助吸收，或用手指彈跳的方式在臉上穴位輕彈。旅行攜帶方便省時，卸妝、洗臉後直接塗抹就很足夠。

晚霜的六大美麗功效

在晚霜的選擇上，若是夏天肌膚出油情形較多，就應該以清淡為主。而有習慣開著冷氣入睡的妹妹們，一定要記得選擇含有保濕成份的晚霜，或者是在晚霜後再加上一層保濕凝膠。而想要白回來的則可以選擇美白成分，總之對症下藥，晚霜的好處真的很多。

再加上現在的晚霜都能夠創新的防止自由基的形成，中和肌膚表層累積的毒素，排除重金屬等有害物質，同時促進肌膚的更新與再生。例如晚霜中添加了可以抗氧化的維生素C和E，能讓白天在日曬及空氣污染的聯合作用下，一直在進行氧化而變得暗沉及色斑沉澱的皮膚，重新在夜晚蓄積新的養分與能量，為第二天的肌膚提供更好的保護。

最基礎的成分則是強效保濕因子，有人工合成型的保濕微囊也有植物中萃取的保濕元素，不論是哪一種都含有大量的保濕成分，能幫助提高肌膚的水分，

有效地預防肌膚早上起床後脫皮的症狀。

　　而能抗衰老的維生素A，更是教主的最愛，不但能讓晚霜本身具有較強的滲透性，還可以撫平細紋，若是皮膚有發炎現象也能減少。至於其它更高科技成分的保養品更是層出不窮，如果能好好研究，就能創造永遠年輕的奇蹟。其它如蘭花花朵等植物粹取，除了氣味更迷人外，功效也更提高，現在選用晚霜，真是超級幸福的時代。

　　Ⅰ.**彈性修護**─由於晚間的細胞更生，因此晚霜中常有添加的營養成分如膠原蛋白、彈力纖維都能更加充分吸收，並且幫助肌膚維持健康的修護能力，使皮膚組織增加彈性，促進夜間皮膚的新陳代謝。

　　Ⅱ.**保濕補水**─含有保濕滋潤的成分，能透過皮膚表層吸收，使肌膚經過一晚的睡眠依然不乾澀，也可以滋潤角質層，為角質層補充水分。

　　Ⅲ.**抗衰老防氧化**─在夜晚利用長長沈沈的睡眠時間，我們的肌膚慢慢的恢復白天的疲憊及傷害。有許多晚霜含有葡萄籽多酚、綠茶等植物精華等各種的抗氧化劑，還有許多最新的成分如Q10輔脢、紅酒多酚等，除了能促進肌膚新陳代謝，還可以趁睡眠時修護肌膚的老化，恢復年輕彈性。

　　Ⅳ.**美白亮澤**─含有衛生署認可的美白成分如熊果素、αWithe等，能在夜間一點一點滲透肌膚底層，清除死皮細胞，讓美白成分滲入，白天醒來膚色明顯白皙透明充滿光彩，尤其是睡眠品質很好的時候，連暗沈都會跟著一掃而空。

V.緊緻提拉─當紅的胜肽類產品，強調緊緻和臉部的拉提，有時白天忙完回家卸完妝後，會感覺臉部比白天剛醒來時下垂了很多，那是因為經過一天的疲憊，我們的肌肉開始下垂緊繃，抹上有拉提緊實作用的晚霜，別忘了順便配合拉提的按摩，讓晚霜能在睡眠時期更積極的促進表皮收緊，防止肌膚老化鬆弛。

VI.營養滋潤─含有人蔘、胎盤素等高營養、高滋潤度的成分，油脂較多，主要是配合季節的更換以及年齡的增長而為肌膚補充更豐富的營養，加強水分及油脂的含量，能減少皺紋的產生，增加肌膚活力。一般在冬季比較適合選擇這類晚霜，但夏季使用要注意不要過份營養。

妳需要使用晚霜嗎？

那有哪些狀況可以不必使用晚霜呢？

1. 天氣較熱或溫度較高時，都不需要使用營養過多的滋潤型晚霜，如果要使用，可以改用比較清爽型的晚霜。

2. 油性肌的皮膚油脂分泌過盛，或者是混合性肌膚的妹妹可以不必天天使用晚霜。而混合性膚質若要使用晚霜時也要盡量避開T字部位。

3. 如果肌膚年齡非常年輕，新陳代謝的能力依然旺盛，且能提供基本的保濕滋潤，就沒有必要使用晚霜。而如果肌膚表現出缺水、暗沉、老化、新陳代謝速度減緩，早上起來皮膚暗沉沒有彈性，則可以讓肌膚在吸收能力最好的夜間時段，補充滋潤和營養。

保養品該怎麼換季？

日晚霜的功能很多，不過冬天和夏天強調的功能卻大有不同，冬天強調潤澤，夏天可以使用美白亮光，因此如果季節交換，日晚霜卻還用不完，不妨讓保養品也跟著我們的皮膚慢慢換季。而如果在短時間內換用一整套全新的保養品，有時對皮膚來說是反而會增加壓力，更何況又是季節交替膚質本來就容易敏感，所以保養品的更換一定不能急性子。

千萬不要馬上將冬天滋潤度較高的產品捨棄，若覺得開始太油，可以先和

清爽型的保養品間隔使用，慢慢減少使用量及次數，在幾星期過後，才更換夏季的保養品，免得一下子油一下子乾，皮膚也跟著季節不穩定而躁熱起來。而如果皮膚在更換保養品後脫皮或者是有緊繃感，不擦日霜改用乳液後發現彩妝不服貼，就表示新的保養品太乾，應該要再補充一些保濕補水的產品。

　　最好的更換方式是一瓶一瓶慢慢來。先隔一兩天新舊交替使用，1-2星期後，如果皮膚沒有不舒服才開始替換。循序漸進，等第1瓶用了沒問題，再嘗試更換第2瓶。

教 主 愛 用 貨 架 展 示

最頂級－Estee Lauder白金級全效緊膚霜

　　今年三、四月換季時，教主正面臨熬夜拍戲及家中喜喪、經常掉眼淚的賀爾蒙紊亂期。當時能明顯感覺臉部的疲憊，但擦了這款日晚霜後，肌膚明顯感到緊實、彈性與平滑，只需要一個晚上的試驗就有實際效果，尤其推薦給新娘、女強人們使用。

愛不釋手大賞 －Biotherm活氧青春2次元霜

　　教主已經數不清用完多少套了！含橄欖成分可緊實、抗老，且不分季節、地點、時間都可使用。味道超好聞，能明顯感覺皮膚變的細緻好摸，每次教主只要經過機場都會忍不住買一套存起來用！

最新鮮－Jour Roc高機能美容液

　　屬於可以抗衰老、緊緻輪廓的日晚霜，裡面所含的成分可支撐輪廓、對抗地心引力，不讓內側肌肉下垂，重建緊密度，就像是臉部的調整型內衣，疲憊的肌膚很適合。

年輕肌膚適用 —Venus Protective Moisturing Day Cream

　　屬於美妝店為年輕人推出的日晚霜，23歲以前的女孩只要在洗完臉、上完化妝水後用就可有保養效果，價位超便宜！具舒緩的效果。

活細胞抗老－La Colline活膚白日晚霜

　　這個牌子在各國的演藝圈都很受女藝人歡迎，是瑞士生化科技醫師群所研發的活細胞胎盤素，在夏天陽光曝曬後使用，可恢復昏昏欲睡的皮膚達到醒膚及美白的功效，夏天使用，不用其它精華液也綽綽有餘。

舒緩解壓—Lancome水分舒緩日晚霜

質地很薄像果凍狀，這款標榜「禪Zen」系列的產品都有解壓功能，能將荷爾蒙紊亂、皮脂旺盛或乾性肌的人一網打盡，含有薔薇、芍藥，白天可增加肌膚抵抗力，痘痘肌膚也很適合，教主壓力大時，會拿來當按摩霜使用。

增加彈性—Bergman超感雙效日晚霜

這款新的保養品牌，在好萊塢掀起了搶購風潮。教主試用過一個星期之後，能明顯感覺皮膚較細緻、彈性及活力也都增加。只要少少的量就能讓肌膚滋潤、抗老及增加抵抗力。

最自然－Nature's日用雙效乳液

有葡萄籽精華能使肌膚有氧，味道香甜，推薦給愛用自然保養品者，而且沒有經過動物測試、用了安心又環保，感覺皮膚有老化現象時，就可以加強使用。

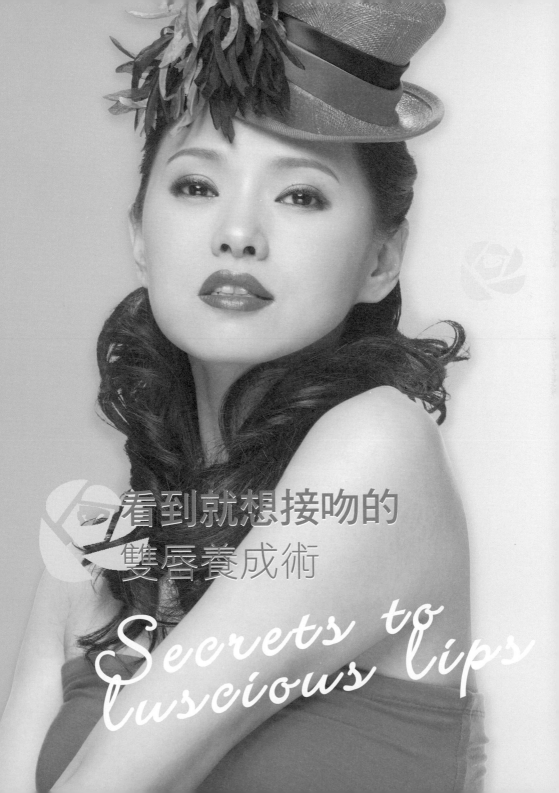

看到就想接吻的
雙唇養成術

Secrets to
luscious lips

嘴唇的表皮細胞呈扁平狀，和身體的其他皮膚部位相比，厚度只有它們的三分之一，非常纖薄柔細。因為沒有皮脂腺，以及對皮膚起到保護作用的黑色素，所以雙唇也更容易被紫外線灼傷而引起脫皮或是其它的受損。

很多人以為擦上護唇膏就是保養，但其實嘴唇是最常被口紅色素侵略及來回摩擦的地方。而唇紋、唇部肌膚萎縮、色素沉澱、破皮、乾裂、唇角下垂、唇瘡，這些問題都會一天天的累積使唇部老化喔！

替嘴唇DIY唇膜、夏天外出連唇部都要防曬、擦口紅前半小時先用護唇膏打底、特別是含有維他命 E 等滋潤成分的潤唇膏、卸妝時用眼唇專用的卸妝油、還有睡前的護唇步驟。我們的雙唇，原來也有這麼多保養程序！

而在不同季節的部分，夏天應該選用具有隔離及防曬係數的唇膏，而秋冬比較乾燥則需要能迅速滋潤的護唇油。

市面上的護唇膏價錢都很便宜，但其實有很多廉價品或來路不明的護唇膏是含有大量的蠟質物質，這類物質非但不能滋潤雙唇，反而還會影響唇部皮膚的新陳代謝。

教主身邊有好多人都有舔嘴唇的壞習慣，而且這些人的嘴唇大多又紅又脫皮，因為口水會加速唇部的水分蒸發，使雙唇更加乾澀。所以這樣的壞習慣一定要戒掉喔！當有脫皮現象時，可以用棉花棒沾取溫水在雙唇上，輕輕滾動幫助去除脫屑。如果是脫皮較為嚴重時，可將護唇膏厚敷一層，然後敷上保鮮膜，按教主的方法為自己做護唇膜。平時要記得多喝水，不要等到口渴了才喝，而是採用每一次一小口，分成數次的方式來飲用。而在喝完水後，有時間就立刻用面紙輕輕印乾殘留在雙唇上的水分，以避免蒸發帶走更多水份。在擦護唇膏前，可以稍微選用含有玻尿酸的除紋豐唇蜜液在雙唇上輕輕彈壓，按摩在唇紋較乾及較粗的部位。生活方面則是要注意均衡的攝取維他命，以及少吃辛辣上火的刺激性食物，免得雙唇因為火氣大而起泡泡。

教主小秘方

保鮮膜DIY溫熱按摩大法

準備用品： 熱毛巾、護唇膏、唇油、保鮮膜。

步驟：

1.**溫敷**—先將嘴唇上的死皮去除，才能幫助保養品吸收。千萬不要拿臉部的去角質產品亂搓，這一道程序用膏狀的比較好，油狀太油，死皮會黏在嘴唇上掉不下來。先敷厚厚的護唇膏在雙唇，然後用保鮮膜貼在嘴上，接著將溫偏熱的毛巾，敷在保鮮膜上按著。

2.**按摩**—約五分鐘後，將毛巾輕輕在嘴上打圓按摩幾秒，然後拿掉毛巾，再將只有保鮮膜的雙唇以無名指，在保鮮膜上以小圓圈狀按摩5分鐘。

3.**去死皮清除**—嘴唇上的死皮，會因為加溫及按摩後浮起來，此時就可以把保鮮膜拿下來，通常都會發現很多的死皮都黏在保鮮膜上，超有成就感！

4.**保養**—再塗上更厚的一層油狀護唇膏，再一次用無名指劃小圓圈的方式做輕柔按摩，別忘了按摩唇部時嘴角要上揚喔，要好像在微笑一樣，可以預防嘴角下垂呢！

5.**滋潤**—再一次貼上保鮮膜，讓雙

Part1 Magic of Beauty

唇悶著吸收按摩過的唇油，十分鐘後取下，抹上一層薄薄的護唇膏，便完成了！

如果妳的嘴唇真的很乾燥，可以反覆做第二次。也可以試著塗抹蜂蜜約20分鐘，因為蜂蜜具有很強的保濕嫩膚效果。另外橄欖油則可以在睡前使用，滋潤效果不錯，要記得等吸收一段時間才上床睡覺。而冬天的機車族更是要保養的更勤快些，不過如果嘴唇有破皮、流血或傷口的話就不適合，應該要擦藥等傷口好了才行喔！最少2週一次！別偷懶啊！妳的用心，可是男朋友在親妳的時候的幸福呢！呵呵！

教主愛用貨架展示

保濕－Decleor思妍麗芳香濕潤眼唇膠

能當眼膜兼敷嘴唇。教主每次都用它來當作敷嘴唇的第一道程序。懶的時候也可以在敷上後10分鐘，用清水或面紙輕拭或洗掉。裡面含有精油成分，市面上非常少有，味道很spa，敷起來滋潤不黏膩，超舒適！

預防老化 —蘭蔻葡萄多酚潤唇蜜SPF8

它有防曬效果SPF8，是葡萄籽做的濃稠質地。能讓唇紋變淡、預防唇部老化，是睡前必備的唇部保養，用來做DIY唇膜的最後塗抹最適合，早上起來乾裂都會改善，味道好香！教主超愛！到哪裡都帶著。

防曬 —Biotherm碧兒泉葡萄多酚護唇蜜SPF8

它也有防曬效果，很特別的是唇蜜出口端是根據唇型所設計，相當服貼。有可愛的光澤度，質地又很清爽，容量划算，還有甜甜牛奶糖芳香，白天出門化淡妝打底很適合。

保濕 —Caudalie葡萄籽護唇膏

不會太黏，但對去除唇紋很有效。每次教主都會很搞笑的連嘴唇外圍都塗一大圈。預防將來數十年後像是楊婆婆的放射狀唇紋（想太遠！呵～呵～）。它不是很油亮，所以也可以用來幫唇妝打底。

防曬蜜兒 —Biotherm碧兒泉艷陽水量護唇蜜SPF15

這支護唇霜SPF係數比較高，唇色比較深或比較粉紅的人，可以單擦這個唇油就出門。教主有時不想要擦口紅，只想要嘴唇有亮澤的時候就用這支，高係數很適合夏天使用，還被男生問過嘴巴怎麼這麼油…吃了甚麼…傷腦筋…

抗老－Valmont 瑞士法爾曼眼/唇護理霜

抗衰老的貴婦級產品！可以用在眼睛跟嘴唇兩個地方。如果懶得買兩種產品，白天出門時可以當眼霜跟唇霜使用，擦完之後再上妝很方便，每次出國搭飛機一定帶在身上隨時幫水份流失的眼唇補充養分。

滋養－Kanebo佳麗寶深層保濕護唇液

它是嘴唇用的美容液又像按摩霜，適合晚上睡覺前用來按摩以活化唇部，尤其是嘴角容易破的人。按完之後可直接睡覺。但記住不是按摩唇部而已，連嘴邊四周都要使用。

油亮亮－Biopeutic葆療美橄欖多酚豐潤脣膏

這瓶潤唇膏很油，滋潤度夠，適合嘴唇時常乾裂的人使用，即使有傷口塗了也不會感到刺激。

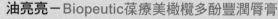

抗衰老－La Colline活細胞唇霜

女性大概到35歲以上嘴型即開始下垂，所以為了提早開始幫唇部抗衰老，可以用這支最高檔的活細胞唇霜，它可以幫你的唇型拉皮喔！

防乾裂－ISO立滲透活泉水乾裂護唇膏

這支護唇膏是用活性泉水做的，可以防過敏，適合愛滑水、運動的人，它完全沒味道且為天然成分，愛舔嘴巴的人即使吃下去也沒關係。

漢方—Sony CPL蜂蜜潤唇膏（梅子蜂蜜）

這款潤唇膏的瓶身很可愛，烏梅的味道濃厚，適合容易將口紅不小心吃下去的人，教主熱情推薦在接吻前塗上，香香的味道會讓對方也感受得到喔！

不黏膩－Kanebo TIFFA深層保溼護唇凍

果凍狀的護唇膏，很容易被嘴唇吸收，適合不喜歡塗抹式護唇膏的人使用，不黏膩的質地在夜間當唇膜也不容易沾染到枕頭。

夜間修護—Shisiedo Therading魔唇修護護唇膏

可以改善唇紋，適合唇色暗沉、已經有黑色素沉澱的人使用，含有芝麻精油、一點點的薰衣草，於夜間敷唇用時可感到無限放鬆。

夏日最清涼—Kanebo TIFFA防曬保溼護唇膏

防曬係數UV17適合夏天使用，薄荷口味很清涼，適合
跟男朋友去海邊時隨身帶著兩個人一起用。

日間最豐潤—Hands美容液粉紅護唇膏

是嘴巴用的美容液，豐潤效果很好，適合嘴唇很細薄
的人，擁有珠光色澤，平常不喜歡塗唇膏的人可以當唇
蜜使用，讓嘴唇變得更豐厚、飽滿。

保水—Cosmo beauty胺基酸護唇膏

這支是教主在日本買的，沒有顏色的胺基酸唇部保水
護唇膏，擦上去之後會變成粉紅色的超可愛，可以直接
護唇又當口紅，熱用中。

超水嫩—Noveir維他命E護唇膏

含有維他命E的抗酸化護唇膏，光感粒子比別的產品大，微
微呈現金色色澤，如果想要擁有安潔莉娜裘莉豐厚嘴唇的人
很建議使用。

豐唇－Ferity飛麗緹維他命E豐唇膏

老是嫌嘴巴薄的女生可以擦這瓶，裡面含有玻尿酸，不用打針也可以達到豐唇的效果。只要在擦口紅前塗上，經過5分鐘後再擦口紅效果超好。

超乾澀─德國世家律動護唇膏

大人小孩都可以用，尤其感冒的時候，鼻子不通，鼻子周圍還有嘴唇都很乾澀，就可以用這一瓶擦在鼻周及唇周，能立即滋潤，隨身必備。

教主神奇寶典
大公開！

Beauty bible
revealed

現在市面上很流行新的保養成分，像胜肽類、左旋C、玻尿酸、膠原蛋白等，都是美容保養界的新歡，但大家在選擇添加性保養品時要注意，不是成分愈多愈好，要看個人的膚況能不能吸收，最好能彈跳性使用，例如冬天使用玻尿酸鎖水、夏秋交際使用左旋C美白、熟齡肌則用膠原增加彈性等。而有些天然成分，溫和且功能不錯，也可以考慮代替生化類科技，就看妳的膚質及使用時的感覺喔。

說明書的成分大公開

在說明書上的很多成分，都是需要經過衛生署查驗的。像美白、防曬類的產品，都是屬於含藥化妝品的範圍，所以如果產品標示中沒有被核准的有效成分，就是不合法的喔。而成分的標示順序，是從濃度高排到濃度低的，所以如果有妳想要的成分，卻只佔了一點點，那就可以先去瞭解那樣的比例有沒有功效。

1.保濕～玻尿酸（Hyaluronic Acid）

最近超紅的玻尿酸，也是教主的最愛新成分！保溼效果超好～！

洗完臉後不用拍化妝水，就可以直接擦玻尿酸，接著一定要記得上油脂類的保養液鎖水。

在我們年輕的時候，因為皮膚裡玻尿酸的含量很多，所以才會柔軟又有彈性。不過從25歲以後玻尿酸就會開始流失，到30歲時僅剩下幼年時的65％。而每 5g 的玻尿酸可以吸收 30L 的水，相當於500倍的吸水能力，比較起來膠原蛋白僅能攜帶 30倍 的水分，所以玻尿酸一直都是公認最佳的保濕產品！

選擇的時候可以注意黏度可否接受、以及價錢與廠牌三大原則，現在市面上標

榜含有玻尿酸的產品很多，但純度很不易判定！純的玻尿酸產品會感覺很滑、吸收也很迅速，敷在臉上乾了之後，會形成一層很薄很薄的薄膜。還會有一點點皮膚拉緊感覺，用手觸摸時也會有滑潤感。在保濕的同時卻又很乾爽，真是讓人愛不釋手！很多人會認為原液最好，但其實不一定，因為原液的濃度太高，反而可能會對皮膚造成負擔。

而玻尿酸最棒的是，乾性或油性肌膚都可以使用！對於油性肌的人來說，不會擔心會太油膩而阻塞毛孔，而且夏天擦的時候也超舒服，用量又很省，真是偉大的美容成分。

教主愛用貨架展示

La Mente心之原三合一原液

含有45%的玻尿酸、30%的植物膠原蛋白、20%的彈性蛋白，是搭配低波美療儀器的首選。保濕度很好，乖乖使用，能減緩皮膚老化。

OR ATX鎖水凝露

除了玻尿酸外還有六胜肽，用的時候要避開眼周，能鎖水又緊實，乾性熟齡肌超級推薦。

Utena高保濕配合液

　　一天使用一瓶，Size很可愛，隨身攜帶超方便，很適合旅行時用，搭配保濕乳液更能鎖住水分。

Aquamoist100%玻尿酸美容液

　　品名開宗明義就點出100%了，無色、無味、無臭也無任何添加物，保溼效果非常好，適合保養程序很細的人使用，在玻尿酸後使用緊實保養品，最後再用美白保養品。

II.美白～果酸類、左旋C

　　對於人體來說表皮所需要的維他命C是真皮的5倍，所以對皮膚來說，維他命C擦的比吃的更有效，而使用高濃度左旋維他命C，能夠迅速發揮維他命C抑制黑色素的功能，還可以促進膠原蛋白增生以及抗氧化，及一定程度撫平疤痕的效果，還可以促進新陳代謝，真是好處多多。

　　記得在洗完臉、用完化妝水後就可以使用。用後有些微的刺痛感，白天還是避免使用，而在使用後一定要記得補充保濕的保養品或潤澤的乳霜。

　　而如果是具有光敏感性的A酸，則不建議在白天使用。由於這類型酸性成分都極不穩定，所以在購買的時候，可以先觀察包裝。塑膠或透明瓶

身因為都比較容易因陽光或燈光的照射而產生質變，所以選擇能隔離光線的包裝會比較好。買回來時，也應該要注意不要存放在光線太強的地方。

教主愛用貨架展示

杜克左旋C複方強效精華液

　　這個牌子以設計左旋C聞名，可減低光害且修復力高達96%，是防曬霜加抗氧化劑的雙重功效，在美白同時還可抗老化，夜間再擦抗老保養品效果更好，搭配緊實的乳霜一起按摩，第二天能明顯感覺白亮，也是教主愛用中。

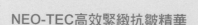

NEO-TEC高效緊緻抗皺精華

　　這也是皮膚科醫生常推薦的產品，是高濃度的左旋C，能美白及抗氧化，讓臉部不再暗沈。很多醫界的醫師都在使用，對於疲憊的皮膚來說，功效超明顯，有時教主會在敷緊實面膜前先點一滴薄敷在臉上，然後才敷臉。

歐瑪 穩定型左旋C15%精華液

　　穩定性左旋維他命 C15％精華液。能促進膠原蛋白及彈力蛋白生成，增加皮膚緊實與改善皺紋。對於熟齡肌膚斑點，用了一星期後就會有很明顯的改善效果。適合夏天比較單純的保養時用。

III、抗皺～A醇（Retinol）

　　和A酸一樣是維生素A的衍生物。A酸能去角質，改善色素沈著，具有優良的抗皺功效，但也會引起紅腫，使表皮變薄，降低防衛能力，需要醫師處方使用。而A醇的刺激度較低，是A酸較理想的替代品，但白天使用須注意防曬。

教 主 愛 用 貨 架 展 示

Obagi Perfect Lift AA

　　是東南亞第一個果酸換膚的醫師所研發，很多名流貴族會到新加坡購買此產品，台灣目前還沒進。質地很薄，可使用在臉部細紋、眼周、鼻心、唇周等地方，可將紋路在成型前褪掉，用鏡子細看感覺更明顯。

Jan Marini A醇精華乳液

　有高濃度A醇搭配左旋乳酸，能保濕又能抗老化。是網路上買來的產品，一開始是被廣告吸引，因為它的廣告是一個女人抱著一個小嬰兒，而且強調純度，使用了以後感覺臉很貼，也有平滑感，用了十天以後肌膚緊實也好像比較有彈性。洗完臉後就可以抹，然後是保濕乳霜就可。

URIAGE 優麗雅超時空眼部精華乳

　對於熟齡的人來說，應該都有兩瓶眼霜。這是少有的眼部精華液。除了高單位維他命A配方，還有綠茶的高抗氧化多酚，可以去細紋也可以緊實眼袋，很適合在敷眼睛時先抹一點點，也可以搭配其它眼霜使用，質感超舒服。

Part 2 Magic of Beauty

斯美凱 Skin Medica Retinol Complex三重維他命 A + E 肌膚更新乳液

　運用特殊包裝，但有一點不明，不過強調濃度很高，卻不會刺激。大約兩星期乖乖的用，細紋明顯減少，教主買來送長輩，長輩都很有口碑，而教主因為還沒有細紋，所以只能感覺到皮膚的柔軟度不一樣，也是敷緊實面膜前的好搭檔。

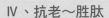

Ⅳ、抗老～胜肽

胜肽真的是現在超級當紅的保養成分，而且也超級有效！

其實所謂的胜肽就是氨基酸，兩種氨基酸組成的就叫二胜肽，三種氨基酸組成的就叫三胜肽，以此類推。而現在最紅、教主最愛的的就是六胜肽保養品，又稱為類肉毒桿菌素。它具有類似肉毒桿菌素的效果，能幫助皮膚恢復緊緻，不用打針也能年輕，是現在保養品的添加成分新寵。

可愛的是；每一種胜肽都有一點美麗而優良的獨特功效，而且效果很廣泛，像六胜肽可以深入肌膚裡層，平撫肌膚、攤平皺紋，對於眼角、嘴角、眉心等各種表情細紋超有效，甚至有類肉毒桿菌素的美稱。讓妳不用打針，也可以有去除表情紋的效果。

而五胜肽則可以補充因時間而流失的膠原蛋白，消除因歲月而留下的皺紋，讓肌膚緊實有彈性。胜肽的親膚極性佳，而且和肌膚結構成份相同，所以肌膚很好吸收，所以效果很明顯，能滿足各種肌膚保養的需求。胜肽類有「擬肉毒桿菌」的作用，促使膠原蛋白增生，是少數外用塗抹的保養成分中，就具有可以改善動態紋的抗老成分喔！不需要等到皺紋出現才用，預防重於治療，只要感覺有細紋的現象，就算是一瞇瞇，也一定要開始使用！

教主愛用貨架展示

香緹卡鑽石級青春彈力乳霜

教主的最愛，幾乎沒有間斷過的在使用，而且看不到就沒有安全感，身邊一定要帶著。也是娛樂圈的女星熱愛的超頂級保養品，含有六胜肽，能保濕也能緊實，有時太忙太懶不想分門別類保養時，就用這一罐搞定，也不會擔心擦太少的保養品，超級推薦！

雅詩蘭黛瞬間無痕胜肽眼膜

　　如果可以頒獎，真想頒獎給它！這個最新的無痕胜肽眼膜，首創把醫學美容的保養成分，用微電流導入儀嵌在眼膜裡面，讓眼膜的類肉毒桿菌及生化活水快速吸收，眼膜的造型很特別，只可惜用起來有時會不夠服貼，但真的超有效果！

　　原本教主因為拍廣告曬出來的眼下一條細紋，我都以為要有第一條細紋紀念日，結果連用了5天，搭配其它保濕眼霜，居然細紋又不見了！說太多沒用，用了就知道！

DR.WU 活妍抗氧隔離霜

　　又是一個很棒的發明，因為大部分的胜肽保養品，油感都好像比較重，在夏日炎炎的白天使用，感覺也太濃厚。可是這一罐是特別為白天當隔離霜而設計的，除了抗老還能幫助白天化妝的肌膚，擦起來很溫和一點也不刺激皮膚，抹完之後擦上防曬用品，粉底也很服貼，超好用。

倩碧深層活化極致精萃露

　　含多胜肽複合物，刺激真皮層膠原蛋白生成，用完一瓶緊緻度能清晰感受，千萬不要用一半又換，一定要乖乖的擦，一個月後會因為妳的用功而有好的效果喔！

StriVectin-SD 意外皺效眼霜

　　在作節目時公關來介紹，說這罐除皺乳原本是在孕婦專賣店，及高級孕婦用品店中效果極佳的除妊娠紋霜，可是有貴婦拿來擦臉，發現對於除臉部細紋、皺紋、魚尾紋的居然都很有效，真的很戲劇化。裡面的成分有五胜肽，教主會搭配先擦眼膠後，在眼尾及眼下方淡淡的抹一些，千萬不要貪心，八字紋的部分也可以一起抹，除皺效果真的超好，現在愛用中。

IV、彈性～膠原蛋白

　　隨著年齡的增長，膠原蛋白在人體內的含量會逐漸減少。尤其是真皮層的膠原蛋白會隨著老化而性質改變，使膚出現鬆鬆垮垮的皺紋。因此由膠原蛋白的含量多寡，就可以看出一個人肌膚老化的程度。

　　在真皮層中還有一種彈性纖維，可以讓皮膚保持彈性，而除了彈性纖維外，皮膚裡還有的膠原蛋白（collagen），它的功能就是撐起皮膚組織的架構，能讓皮膚看起來豐潤有彈性不鬆垮。不但皮膚裡有許多膠原蛋白，在人體裡的其他結締組織，像軟骨、韌帶、血管甚至牙齒、頭髮之中，也都含有膠原蛋白喔！

　　年輕的皮膚因為真皮層內的膠原蛋白充足，所以看起來都很具有彈性、柔軟而且光滑飽滿，而此時彈性纖維也維持在最好的狀態。但是一旦過了25歲之後，膠原蛋白流失耗損的速度就漸漸比供給生成速度還快，皮膚就會出現沒有彈性、乾燥等問題。再加上人體內原有的的氧化作用，還有用紫外線照射日光老化的累積，都會使人看起來衰老。此時補充膠原蛋白就變得很重要。

　　抹擦式的膠原蛋白保濕效果很好，能夠防止水分從皮膚表面蒸散，對於吸收環境四周水分的能力也很強。

　　有些面膜產品裡添加膠原蛋白，是因為蛋白質膜的收縮效果，能讓皮膚有緊實的感覺。如果妳是長期熬夜、工作壓力很大的上班一族，就算還沒有到熟

齡，也應該要預防皮膚的彈性流失，一旦皮膚彈性減退，就會看起來提早疲憊老化喔！毛孔也可能會出現成人型擴張，兩頰還有下垂的擔憂，最好早早的不分年齡就開始預防！

教主愛用貨架展示

T.S.C膠原蛋白100%原液

　　沒有其他的添加物但很好吸收，記得打開後要冰冰箱，如果有擦胎盤素習慣的人，可以先擦胎盤素再擦這瓶，眼周也可以擦，在敷臉前薄薄的抹一層在臉上然後敷臉，等敷完臉後再敷一層，接著擦上乳霜，就能感覺皮膚拉緊，超有效的喔，是緊實保濕面膜的超級好搭擋！

康普東方精靈膠原蛋白精華液

　　這是由黑鮪魚所製成的膠原蛋白，由於深海魚不容易受到工業污染質地比較純，使用後彈性增加很多，教主通常在拍廣告前會密集使用，化妝後效果很好。記得之後不需再擦其他營養品，以免破壞膠原蛋白的純正。

台鹽綠迷雅超時空膠原素

　　這一罐是由台鹽與美國Biocore公司共同開發的最新抗老化產品，內含構成皮膚之所需膠原蛋白及醣類，可以幫助提供皮膚代謝循環時所需要的養分，對於想保濕又想擊退皮膚暗沈的人來説，是一石二鳥的好方法。持續的使用很重要。暗沈和美白不同，暗沈的皮膚需要提高明亮度，所以如果妳看起來黃黃累累，就可以捧個自家人的場，我們自己研發的產品，效果也很棒喔！

41℃ 鳥膠原蛋白凝膠

　　在藥妝店買東西時，專櫃小姐送了一小罐試用品，回家洗好澡就順手拿起來擦，結果覺得保濕效果超好，第二天就跑去買大的來用，很適合局部有脫皮或乾燥的地方，像額頭有抬頭紋的人就應該很適合，現在教主會帶在飛機上擦，然後敷上眼膜，眼部肌膚會有頓時拉緊明亮的感覺，下飛機的時候也不會感覺人很疲累。

Neck skin is indicative of your age

頸部比臉部
還容易透露年齡喔！

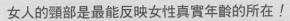

女人的頸部是最能反映女性真實年齡的所在！

　　隨著年齡的增加和受紫外線的影響，頸部的紋路不小心就會洩露真實的年齡。再加上頸部肌膚的厚度只有臉部的2/3，油脂分泌較少，頸部因支撐著頭部的重量與轉動，肌膚真皮層的膠原蛋白容易流失，皮脂腺因此更難以保持水分。如果缺乏適當的保養，頸部就會出現因缺水而產生的細紋。尤其是夏天冷氣房裡空氣乾燥，許多妹妹們都記得要照顧好臉部卻忘了頸部的保濕也很重要。

　　很多人都拿臉部保養品擦頸部，但其實頸部比臉部有更多的動態紋，常看到很多美女正面看很美，側面看的時候就有很多紋路，而從二十五歲開始，頸部就已經潛伏了皺紋的出現，加上地心引力的影響會出現下垂現象，所以細心的護理保養是絕對不能少的。

　　如果想要用臉部保養品擦頸部的人，可先用美白，再用保溼、抗皺保養品。需要有良好的血液循環，才能顯得豐潤而有生氣。

　　建議大家可以使用含有保濕成份的精華液及緊實霜，而且現在也有許多專為頸部肌膚設計的護膚產品，成分裡添加了玻尿酸、膠原蛋白、水解粘多醣、維他命B5、小麥蛋白、Q10等等成份，來更有效地預防和緩減肌膚皺紋。

　　而頸部淋巴結很多，若能天天為頸部做按摩3分鐘，對於頸部肌膚的支撐力也很有幫助。頸部按摩的手法很簡單，但要注意前頸有很多淋巴，不適合重壓或拍打，動作要輕柔，否則臉部也很容易浮腫。

頸部保養要注意

　　1.每週敷一次頸膜進行深層保養。偏乾燥的肌膚可以敷保濕面膜，黯啞的肌膚則可以敷美白面膜，加強淡化頸紋的色素，但敷完後不要忘了擦保濕除細紋的精華液。而開始鬆弛下垂或有細紋的頸部，一定要固定按摩後再敷上抗老化的頸膜。

　　深層清潔型及會乾燥的泥狀面膜，會令頸部肌膚更乾，不適合敷在頸上。

2.一定不要用太熱的洗澡水直接沖洗頸部肌膚，也不要在泡澡時連頸部一起泡在熱水裡，否則會刺激皮膚過早老化。

3.頸部的肌膚很薄，不適合使用太滋潤、太油膩的保養品。如果要做淋巴按摩時，選擇潤澤度高的精油，如玫瑰果油會比按摩霜更適合。

4.很多人怕臉部曬到陽光，就會自然的傾斜脖子去遮擋，所以很多妹妹的脖子都比臉黑，當紫外線過度照射頸部肌膚時，一樣會導致色素沉澱和黯啞缺水，因此防曬霜不要只記得擦臉，頸部一樣要仔細擦上，晚上卸妝時別忘了也要一起卸乾淨。

5.穿高領的毛衣或冬天圍圍巾時，最好能在裡面套上一件貼身的棉質高領內衣，避免頸部肌膚與毛織品發生摩擦，而產生太多的靜電與皺紋。

6.夏天流汗時不要一直用手去摩擦頸部，或拿手帕來回拉扯擦拭，很容易出現皺紋。

7.長時間坐在電腦前上網、辦公、找資料，肩頸部很容易疲勞，讓血液循環變差，除了一小時一定要做做伸展體操外，也可以拿熱毛巾熱敷幾分鐘。但最好是敷在後頸避開前頸，可以促進血液循環，緩解肌肉緊張僵硬。

教主頸部按摩小手技大公開

1

右手

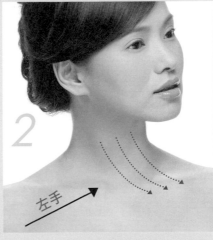

2

左手

在手上抹上緊實按摩霜，將右手四隻手指頭放在左側的耳朵下方，然後由上往下輕推，一直推到肩部共8次，記得要慢慢的做，手部在鎖骨微微的出力即可。

換手用一樣的方式，將左手放在右耳下方，一樣重複8次。

3

4

兩隻手以大圓圈狀由頸部輕壓到胸前，然後雙手在鎖骨處交叉，一直按到排毒的出口腋下約5次。

將頸霜抹在手上，由鎖骨向上往臉部，非常輕柔而略快速的抹擦，約20次。

伸展保養法

幫助頸椎做運動 活絡頸間筋骨 強化頸部肌膚

身體坐直放鬆，頭慢慢地往左轉半圈，再往右轉半圈，每次左右共6次，記得配合呼吸要緩慢，免得頭暈。然後將頭盡量低下，接著緩緩抬起，一直抬到接近後背部，然後閉上眼睛，以雙手支撐頭部，約30秒，反覆5次。另一方面，由於頸部肌膚緊張，也會使皺紋速增，要舒解頸部肌肉緊張最簡單的方法，就是躺下來，因為我們的頭大約有6公斤重，躺下來可以解除頸上的負擔。

很多人會說，要頸部沒皺紋，不是應該由下往上按摩嗎？但是因為淋巴的循環，在耳朵兩側是往下的，所以按摩時才會由上往下喔！記住手法一定要輕柔！

定期幫頸部敷頸膜也是頸部保養的重點，建議頸膜一週最少使用2次，頸膜的選擇以含有山金車萃取、硫辛酸、月見草油成份的，最能有效撫平皺紋，使皮膚平滑細緻。

教主愛用貨架展示

緊實－De Mon深海金鑽無痕頸霜

　　頸部一旦鬆弛就很難恢復，即使是年輕女性也有可能在仰頭、低頭或轉頭間於頸部產生皺紋。這瓶頸霜對細紋及鬆弛效果超好！教主一直愛用中。

保濕全效－la prairie 夜間臉頸霜

　　夜間使用，臉部也能擦，防細紋，讓頸部一直滋潤，還可以按摩活化。

緊實－Shiseido Revital莉薇特麗美頸緊實精華

　　有些人頸部的細紋很多，這瓶適合針對埋在肌膚底層的細紋，是超級王牌商品，教主無論到哪裡都會想帶著走！

A酸頸膜－Medicare頸膜

　　市面上再出現的A酸頸膜產品，這款頸膜價錢很公道，脖子已經有細紋的人，每天洗完澡後敷，然後塗上保養產品，一個月後就能改善。

最新鮮、強效－Dr.Wu微導抗皺美白頸膜

　　超棒的產品！超聰明的發明！不但可抗皺還可美白，可以說是頸部的救星，而且很大一片連靠近肩膀的地方都可以敷到，建議在去角質後用溫水加精油先熱敷，之後再敷頸膜效果馬上看得到。

最超值、大片－Olay美白面、頸膜

　　這是配合面膜產品所推出的綜合包，真希望可以快點單獨推出，很大一片可以敷到下頸部鎖骨的地方，搭配面膜一起用效果更好，不過要記得躺著敷以免容易掉。

教主獨門新法DIY

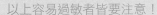

雙仁潤澤美白頸膜

材料：
蛋白半個、北杏仁、薏仁三錢、蜂蜜、溫牛奶

作法及用法：
將杏仁、薏仁研磨成粉然後加上蛋白、蜂蜜拌勻，避開眼唇及髮際，抹敷8
分鐘，用溫牛奶洗淨，乾性的人兩週一次就夠了喔。

以上容易過敏者皆要注意！

小貼士：
將50克草莓搗碎，以雙層紗布過濾，取汁液調入1杯鮮牛奶中，拌勻後取草
莓奶液塗於面部及頸部加以按摩，保留奶液於面頸約15分鐘後清洗。此美容
奶液能滋潤、清潔皮膚，具溫和的收斂作用，同樣有防皺功效。
把鮮牛奶、蜂蜜各等分，調成稀糊狀，在眼角易出現皺紋的地方塗抹，塗抹
後按摩5分鐘，停30分鐘後洗去，每晚一次。

防曬、美白全年365天
天天不打烊！

教主做節目這麼久，發現最大的問題是很多人都沒有防曬的正確觀念，有些人認為自己只是去到樓下超商買東西，根本沒曬到什麼太陽！也有人認為下雨天根本沒有陽光在照射，但不論晴天、雨天，待在戶外還是室內，紫外線其實是無所不在的！而室內如果裝有鹵素燈，又一直長時間在燈下工作，也等於直接受到紫外線照射。

紫外線不只會讓人曬黑、皮膚變黃乾燥、冒出雀斑及小黑點，還會造成皮膚老化，可以說是皮膚的最大敵人！

無論是膠原蛋白或彈性纖維的流失，或是水分的蒸發等等，都是因為紫外線，而曬後如果沒有好好護理，更會讓皮膚變得粗糙乾澀、失去彈性，皺紋提早報到。所以就算妳只是下樓倒垃圾都記得要擦防曬油，只是係數不用太高。

現在很多皮膚科醫師，連自己的嬰兒寶貝都會幫他擦上防曬油，所以如果防曬油真的是負擔，全球的皮膚科醫師又怎麼會都推薦防曬用品是絕對不可少的保養品呢？所以一定要乖乖的，不要嫌麻煩的擦喔！

也有很多上班族會以隔離霜取代防曬乳。但其實隔離霜的防曬係數如果不高或根本沒有防曬係數，是完全無法隔離紫外線的。也有些人偷懶只有在夏天做好防曬，冬天卻完全不管，甚至認為一年四季都抹會造成肌膚負擔。其實現在的防曬乳，都已經研發到能將對肌膚的傷害減到最低。更何況和陽光的傷害比較起來，防曬乳的傷害根本不算甚麼，而且因為我們的疏忽，所以冬天反而更容易囤積黑色素，所以防曬可是一年四季、全年365天、天天不打烊的喔！

別忘了出門前20～30分鐘就擦好防曬乳，因為皮膚需要一段時間吸收防曬成分。而電影裡常上演到了沙灘才拿出防曬油來互抹，雖然很浪漫熱情，但卻是錯誤示範呢！

在膚質的部分，脂性肌膚的人可以選擇用水性的防曬

乳，才不容易長出痘痘、粉刺，而乾性肌膚則可用油脂成分高一點的，才比較有保溼效果。所以買防曬用品不只要注意係數、品牌，還要根據自己的膚質來選購喔。

防曬小撇步

1.走在街道時，記得多走樹蔭或騎樓底下，不要大咧咧的直接曝曬於烈日下。

2.避免在陽光最強烈的上午10點到下午3點這段時間外出。

3.就算擦了防曬霜，並不表示妳就可以肆無忌憚的暴露在陽光下，還是要盡量避免被陽光照射。隨身帶著陽傘、寬邊的帽子及長袖衣物，輔助防曬霜來隔絕陽光。

4.別忘記眼部的防曬也很重要。戴上寬鏡框的太陽眼鏡，大範圍保護眼睛及周圍皮膚、預防紫外線對眼睛的傷害，而且戴了太陽眼鏡，就不會因為要避開強光，而一直瞇起眼睛，還可以減少眼部周圍產生細紋。

如何選擇防曬係數

I.UVB的防曬記號是以SPF來標示，它能立即曬傷我們的皮膚，是屬於立竿見影型的波段。UVA的防曬記號則是以PA來標示，它會沈澱在我們的皮膚裡，然後慢慢的浮出斑點來，是屬於有潛伏能力的波段。除了能讓我們曬黑外，還會加速老化。而在歐美系產品中也會有以IPD或PPD來表示。

II.長期待在室內的人，只要選擇SPF15～20的防曬用品就可以預防曬傷。而外勤的工作者，則需要提高到SPF25～30才能保護皮膚。如果是去海邊玩耍，待在戶外的時間愈長，防曬係數必須愈高，特別是沒有遮蔽物的大自然環境裡，紫外線的量會加倍，更需要超高係數SPF40～60。現在還有SPF100的產品，如果用到這麼高的係數時，別忘了一定要好好卸除清洗。

III.而在UVA的係數方面，只要具有阻隔UVA的效果就可以了，通常都會有PA＋＋＋的方式來標示，＋越多則防護能力越好。

教主小叮嚀

睡眠不足、缺乏運動、冷氣房讓血液循環變差、咖啡因攝取過量…都會黑喔，想要白，每天攝取維他命C、多吃中藥的薏仁、甘草。而感光食物如香菜、芹菜、韭菜食物要避免，這樣才能從生活裡白起來喔！

教 主 愛 用 貨 架 展 示

最推薦－Lancome SPF50/PA+++防曬乳

圈內女星都愛用，可幫助肌膚明亮、保溼，只要再局部蓋斑、上防曬蜜粉即可完成底妝。教主已經連續用了五、六年，出門一定帶著它。

防曬係數第一名－Bioderma皙妍高效防曬乳

SPF100/UVA、B都高，做完雷射手術後及在大太陽下最適合，晚上記得要用卸妝油或防曬乳專用洗面乳清潔，且間歇性使用較好。

超透氣－Vecua SPF30/ PA++防曬乳

　水凝狀很清涼，比一般防曬乳薄且透明，使用前搖一
搖，教主誠意推薦可當作隔離霜使用。

最輕薄－Kesalan Patharan SPF27/ PA++水狀防
曬乳

　　化妝師夏天最愛的防曬乳，有一點像隔離霜，即使之後
要上濃妝也很好推，適合專櫃小姐等長期在燈光類的紫外
線下工作的人使用。

美白兼防曬－Clarins SPF20/PA++美白防曬乳

　適合想防曬又想美白的人使用，因為防曬係數低、清洗
方便，清爽不油膩、擦上後很快就吸收，適合年輕肌膚，
但記得戶外活動時需要隨時補充喔！

愛不釋手－Estee Lauder晶燦光高防護隔離霜
SPF50/PA+++

　　雖然防曬係數高但很清爽，保濕度很好，擦上後肌膚會
有一點點變白，習慣淡妝的女生可以直接上蜜粉，是教主
最近的新寵。

隨時隨地噴出好光彩

Keep toner handy

噴霧水不只是噴一噴這麼簡單喔！它是皮膚接觸最多的用品，且用途廣泛，從頭到腳、甚至連眼睛都可以噴，大罐又便宜，只要經過仔細挑選，會是妳隨身攜帶的好伴侶。如果要補妝使用，可以不需要先用吸油面紙，只需先噴一下後用面紙壓乾，再補上蜜粉、然後噴一次定妝即可。

不是每瓶噴霧水都適合各種膚質，大家要認清膚質來選擇。噴霧水與化妝水有很大的不同，很多時候教主喜歡噴霧水多過化妝水，因為它的水分比例比保養品多，用多了也不會造成肌膚負擔。可以直接噴在臉上不需要棉花擦拭、不經手所以很乾淨，而且還能噴在化妝後的臉上。雖然不是每一種噴霧水都有抗敏作用，但保養功能較少，反而更適合混合性及中乾性肌膚使用。

目前市面上的噴霧式化妝水可分成兩類，一種是把高機能型的化妝水以噴霧形式裝在容器中，好處是用量比較省，噴的時候分佈面均勻，不會沾到手比較清潔，還可以省去買棉花的錢。

而另一種則是屬於溫泉水，以鎮靜、舒緩、抗敏做訴求，也是皮膚科醫師比較同意的種類。溫泉水揮發後可以收斂傷口、消炎，對於夏天曬傷也很好用。而如果是過敏體質或有異位性皮膚炎及皮膚容易紅腫發炎的人，都有很好的鎮定效果。

但無論是溫泉水或噴霧化妝水，雖然噴起來清爽舒服，但如果沒有再擦保濕乳、精華液或面霜，都會無法保濕。而噴完後的水分蒸發，反而容易帶走皮膚表面水分，就像用舌頭舔嘴唇一樣，不但不能保持濕潤度，還會越噴越乾。

即使用噴泉水來敷臉後感覺到皮膚濕潤，也都是暫時性的，還是要在敷完後立刻擦上含有油脂或能鎖水保濕的保養品，才能延緩水分散失的時間喔！

在膚質的部分，脂性肌膚的人可以選擇用水性的防曬乳，才不容易長出痘痘、粉刺，而乾性肌膚則可用油脂成分高一點的，才比較有保溼效果。所以買防曬用品不只要注意係數、品牌，還要根據自己的膚質來選購喔。

選擇噴霧水3大絕招　看這裡！

　　教主建議噴霧水可隨著季節與膚質的變化作更換。夏天適合使用海水、山泉水等萃取的噴霧水，水分子較大且保溼效果好，還有些有抗敏功效。冬天適合複合式的噴霧水，例如含有精油、玫瑰、玻尿酸、胺基酸等成分，水分子較小，適合乾燥肌膚補充水分用。那要怎麼選擇一瓶適合自己的噴霧水呢？需要注意以下幾點：

　　1.觸感－因為噴霧水通常是隨時隨地用的，所以必須要視本身的沾黏度可否接受，像有玻尿酸成分的就不適合隨時用，因為該成分與空氣乾溼度有間接影響性。

　　2.吸收度－買之前最好先噴噴看，因為每一種噴霧水的成分與分子都不一樣，要看皮膚可以吸收到多少養分及水分，一旦發現噴上後在半小時內又覺得乾的時候就要注意了，這瓶噴霧水可能有反吸水作用，先停止使用較好，不然反而會讓肌膚的水分流失的更快、更多。

　　3.氣味－每一種噴霧水有它不同的味道，精油或中藥類的多半有幫助冥想的功能，果花類會帶來好心情，而山水海藻類可邊噴邊深呼吸，有安定情緒釋放壓力的作用。

找出屬於自己的噴霧水！
認清膚質的好選擇：
敏感肌－可選擇活性泉水成分、無任何添加物的。
老化肌－適合含有玫瑰、海洋萃取物的。
痘痘肌－選擇水分子小、微量元素高，或者薄荷類的也很適合。
乾性肌－適合玻尿酸、胺基酸等添加物的。
皮膚鬆弛－適合蠶絲蛋白、豆類等成分的。

有些噴霧水需要用衛生紙按壓掉水份，不然臉部會造成反吸水效果使皮膚更乾，但教主這裡介紹的都不需要擦拭，如果有時間的話，最好等水分要乾的時候，用面紙輕壓一下臉部，可使得水不易被蒸發、保水效果更佳。

教主愛用貨架展示

皆大歡喜型—Saint Gervais聖泉薇修護活膚水

這瓶活膚水可將敏感、乾燥、定妝、保溼等功效一網打盡，瓶身超大罐，噴全臉同時也可噴身體，很適合曬後使用，用後不用擦拭，如果邊噴邊拍打按摩，滲透效果尤其佳。

預防老化－La Roche Posay理膚保水臉部舒緩溫泉噴液

這瓶溫泉噴液裡含有礦物鹽與微量元素，曬後噴有舒緩作用，在果酸換膚或雷射手術後使用可加強保溼，有鎮定效果。

芳療－Vecua Aroma Toner

擁有玫瑰、薄荷等芳香精油成分，分子很大，夏天的時候如果不想噴香水，這香香的味道很適合噴在衣服上，教主時常全身上下亂噴一通，頗有暢快感。還有藍色瓶身是沒有味道的噴霧水，適合很熱的時候消暑用。

保濕玻尿酸－日本玻尿酸花香化妝水

噴霧型玻尿酸化妝水，保濕成分很強可拿來在敷臉前使用，有點黏但保濕度佳，也可在洗完澡後噴全身，髮尾乾燥也很適合。

最植物－John Master Organics Rosewater Mist

含教主最喜歡的玫瑰成分，雖然不適合定妝使用，但很健康可達到抗老、美白、潤澤等功效，可以代替化妝水或長途飛行也很適合。

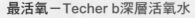

最活氧－Techer b深層活氧水

有去角質、清潔毛孔等功效，含有刺五加、海水等養分，適合在去角質後、敷臉前使用，可達到醒膚的作用，用於卸妝後縮小毛孔也很適合。

最熱門－Hydrating Mist COQ10玫瑰活膚露

包含話題性產品COQ10，還有玫瑰花露、牡丹花、洋柑菊、甘草等成分，是保養級的噴霧，很推薦給空姐、老師、外勤人員等工作的人使用。

最貴婦－香緹卡Chantecaille Aromatherapy（法國薄荷）

這款純露系列有4種不同產品，全是由非化學物質所製成，即萃取花中最珍貴的養分製成精油，再把精油化成水分子噴在臉上，純淨度極高，絕對物超所值，洗完澡後隨手噴在臉上保養效果非常好，教主一年就用了5、6瓶了呢！

熟齡肌毛孔鬆弛－Kanebo Suisai Hyalo Shower

台灣目前還未上市。適合28歲以上熟齡肌使用，含有豆乳、玻尿酸、蜂王漿，可平撫漸漸鬆弛的肌膚及收斂帶狀毛孔。

敏感肌分子最細－NOV water敏感肌用化妝水

經過多種測試、不含酒精及化學成分，適合敏感性肌膚使用，且由於海洋深層水分子大、肌膚吸收水分多，噴了會讓敏感紅腫快速消失，雖然目前台灣還未上市但在日本賣得非常好，希望台灣快點引進。

教主的雜貨鋪

　　這些都是教主愛用的其它產品，在肌膚有不同的狀況時，教主就會搭配使用，大家可以參觀一下，在裡面尋找適合自己的保養品喔！

Ⅰ、最近愛用中

Re Vive光彩活力霜

　　價格稍高，但是高效能深層的滲透肌膚底層，屬於夜間專用，第二天醒來就能感覺到皮膚變得很緊實，亮度也增加，很適合熟齡的女生。裡面有EGF生長因子的成分，可以增生肌膚的膠原蛋白，對於皮膚因年齡越來越薄的人超推薦。

N.V. Perricone M.D.全效玫瑰保濕乳

　　最近迷上了每天幾分鐘的臉部及頸部的按摩，於是開始尋找喜歡的精油，玫瑰就是教主的首選，因為玫瑰能淡化細紋、美白，也很滋潤，很多圈內的熟齡女星都在使用，濃濃的玫瑰味超舒適。剛擦的時候覺得很油，但一下子就被吸收也不黏膩。屬於搭配性第一名。而且玫瑰精油有天然女性賀爾蒙之稱，對超熟齡女性很有用喔！

Biopeutic葆療美玫瑰活化滋養精油

　　教主在曬傷後，雖然被提醒要加強保濕，可是卻完全沒有時間休息，還熬夜到早上七點多才睡。於是趕稿的時候就隨手拿了這瓶來擦，沒想到超油超滋潤。第二天脫皮的地方就好多了。很適用於手術後有傷疤的人，還可以幫助傷口儘快恢復達到滋潤與活化抗老的效果。

Dr. Ci：Labo晶透妍C80極緻高效淨白筆

　　日本醫生所研發的品牌，包裝像一隻口紅，塗抹的時候不用先接觸手部，很乾淨，可以直接一邊按摩一邊推斑點處，用在痘疤上也行，長時間且專一的使用果較好，是方便清潔的第一名。

II、生活常備型

LRV2000蘆薈生機凝膠

　　教主的膚質是一遇熱就會過敏，所以第一次學完熱瑜珈後，當晚皮膚就又紅又腫，連著紅癢了一週，原本很想放棄，可是又喜歡瑜珈的安定感。後來想到蘆薈可以鎮定肌膚，於是就在上課前塗上，然後在課程的中間也持續敷抹，不知道是不是溫度高好吸收的關係，結果幾次下來，不但沒紅還感覺皮膚變好了，對於敏感、曬傷需鎮定的皮膚超級適用。

近江曬後凝膠

　　這瓶蘆薈凝膠也是教主在做熱瑜珈時，一定隨身攜帶的產品。幾乎是每三個動作就抹一次，很有敷臉的效果，而且價錢還超便宜。夏天也會帶在身上給自己和小朋友擦，一點也不刺激。在三溫暖的烤箱時，也可隨時使用以達到肌膚保溼，黏度也剛好，是生活的常備用品。

Ebats蠶絲蛋白精華液

　　只要皮膚有一點粗粗的，前一晚就會拿來敷。敷完後第二天早上醒來，感覺超平滑，對於隔天要化濃妝的人很適合。洗完臉後在臉上還有水分時使用，可以加強特別乾燥的肌膚，兼具敷臉與保濕功效，雖然剛推上去時有黏膩感但過一下就消失了，適合在隔天要約會、準備讓男朋友摸臉時使用。

酵素－Ettusais夜間魔力細敷粉

　　在晚上睡覺前使用，是臉上保養品最後一道手續，記得要在所有的保養品都吸收後再拍上，第二天起來保濕度會增加，皮膚也變得細緻，超有趣的產品，不知道可不可以拿來當蜜粉？

面膜番外篇

面膜功效加分小妙方！

Neck skin is indicative of

面膜前後的必備動作

　　敷臉前記得要將毛孔蒸開並且清潔去角質。而擴張及清除後，就像石頭上的青苔已經刮除，這時石頭的表面很利，若直接接觸外界，很可能會傷害表面，因此需要上一點油來潤滑隔離。

　　敷面膜也是一樣。當毛孔張開後，不要急著敷面膜，先上一層「很薄的」玻尿酸或保濕產品，能保濕又能吸收面膜的營養。

　　這個過程在美白面膜前，更是強力推薦！敷完面膜之後，請再擦上油脂型的保養品，才能鎖住面膜提供的水分喔！

面膜的種類

Ⅰ、壓縮精華液式面膜

　　教主代言的De MON柔白美肌凍膜，沒有布、沒有紙，也沒有任何支撐。它完全是靠高科技的研發，將一整瓶的精華液壓縮成一張面膜。因此使用時能明顯看到膚溫的變化，對於美白及提高明亮有很好的效果。用完後可以將面膜溶在熱水裡攪拌，然後拿來洗背或泡手腳，一樣有美白效果。

Ⅱ、不織布、純棉式紙面膜

　　不織布狀或純棉的紙面膜，能因為皮膚被悶住的溫度，而幫助吸收面膜紙上的營養，吸收的能力往往比直接暴露在空氣裡的塗抹式面膜強。而且二十分鐘卸下來以後，殘餘的精華液還可以擦在手上或腳上較不敏感的肌膚部位，可以說是一點也不浪費。現在很多紙面膜都會多出眼睛及嘴唇的部分，彷彿一起在敷眼膜及嘴膜般方便，保濕、亮澤的效果好，有時敷完能立即感覺保水度的不同。記得最多二十分鐘，不要等面膜乾了才取下，要防止面膜乾了以後，反而會吸收走皮膚中的水分，而使用過的面膜就算再溼，也使千萬不要再次重複使用。剛敷過面膜後不要立即去晒太陽，防止陽光的刺激長出斑點。

III.果凍、凝膠狀面膜

　　果凍面膜近來十分流行，不會黏搭搭的滴在胸頸上，而且非常有清涼感，對於緊實有很好的效果，撕下來時臉部依然清爽，在夏天時還可以依據成分將面膜冰在冰箱裡，在日曬後拿出來冰敷使用。這類的面膜非常密封，一定不能敷太長的時間，免得皮膚失去呼吸而有反效果。

IV、泥狀、乳狀的清洗式面膜

　　需要清洗式的面膜大多是塗抹式的，敷的時間可以比較久，而拉緊的效果也比較明顯，敷的時候除非說明是保濕眼部也能使用，否則都應該盡量避開眼周、髮際及嘴唇四周。雖然沒有明顯的乾燥感，可是也不能敷太久忘記去洗喔！在用量的部分，一般都可以抹厚一些，20至30分鐘後，以流動的清水洗淨。如果要用洗臉刷或洗臉海綿，記得動作一定要輕柔，否則本來敷臉是想保養的，卻反而增加了多餘的拉扯動作。敷完臉後記得趁著臉部仍有點微濕時，立刻抹上保濕護膚的精華或乳液來鎖住營養及水分，並要配合按摩的手法，幫助臉部肌膚吸收。

V、免洗式面膜

　　大多數是在晚間使用，對於深層補水有很大的功效，還可以減輕皮膚的緊繃感，讓肌膚變得柔滑水潤。免洗面膜不適合塗抹太厚，會增加肌膚的負擔，而若是夜晚使用長效釋放型免洗式面膜，第二天早上起來記得一定要用洗面乳清潔臉部。就算是時間再緊迫，也絕對不可以直接在還沒有清潔前、面膜敷過夜後，臉部就直接上妝。因為吸附在免洗面膜上的隔夜油脂會與化妝品混合，對肌膚造成很大傷害。

天龍「八步」SPA面膜全步驟

1.清潔

（洗臉，卸妝）

2.去角質

周期視膚質而定，肌膚薄的人最多2週一次。

3.蒸臉

最好拿一盆熱水，放幾滴薄荷、茶樹精油，因為對呼吸作用很好，保持水與臉距離20cm左右，這時可用胸腔深深的呼吸，讓臉部的肌肉舒緩，使後續保養更能吸收。

4.清潔毛細孔

視膚質而選產品類型。

5.按摩霜

能促進臉部血液循環、讓臉部發熱型的面膜，可放在這個步驟，幫助肌膚加速吸收保養品。

6.基礎保濕

輕輕塗一層薄薄的保濕品，讓肌膚在很乾淨的狀態下不要過乾，也能幫助面膜吸收最大的營養。道理就像人太渴時無法吃飯一樣，肌膚乾渴時，也沒有辦法吸收營養品。

7.敷面膜

任何機能型面膜。

8.油水平衡

鎖住剛剛吸收的營養品，讓臉上的水份與油脂保持平衡，因此，我建議擦

上最營養的精華液或晚霜，而不是水狀的保養品。

一周間 簡易居家臉部SPA

如果真的沒有時間，教主建議，每週至少一次簡易敷臉。簡易敷臉可將步驟減少至以下5個動作：**清潔→蒸臉→按摩霜→面膜→油水平衡**。其實整個步驟只需20分鐘就可以完成，沒有妳想像中的複雜喔，還等甚麼！快一邊看美麗教主的美容書，一邊敷臉吧！

毛孔潔淨要深層

教主獨創

去除臉部青苔 面膜也要打底

面膜要更好吸收，敷臉前不妨多做一個打底的動作！也就是毛孔的清潔！當角質層過厚，毛細孔閉塞，面膜就無法發揮徹底作用。原理就像石頭上長了薄薄的青苔，不清除青苔，就無法接觸石頭上的紋理，當然也就無法將石頭打臘上光！所以如果要求敷臉的質感與效果更好，就多做一道程序吧！

在這裡教主要特別提醒，去角質不等於清潔毛孔喔！因為去角質是把皮膚新陳代謝沒有代謝完的角質代謝乾淨，但並不能清除臉上的粉刺。因此到護膚salon做臉時，才會有去角質、蒸臉、清粉刺這些分開的動作。

教 主 愛 用 貨 架 展 示

毛孔好乾淨—Aesop伊索櫻草潔淨敷面霜

清潔力非常好，常賣到缺貨。黏土狀輕輕敷一層後，等10分鐘吸收，再輕微搓一下洗淨。一般肌膚2週～1個月一次，特別適合油性與青春痘肌膚，就像為毛孔做大掃除的工作。

植物派—Beyond Organics南瓜深層潔淨面膜

非常溫和的凝膠狀面膜，特別推薦給植物派、不走生化路線的你。具潔淨與抗氧化效果，質地比較黏稠。推得時候不要太用力，用力只會推出表面的污垢，深層污垢還是要靠好的產品搭配溫和的按摩喔。

酵素溫和—Beyond Organics wild cherry enzyme peel

能抗過敏，如果皮膚很薄，血管壁清楚可見，又想清潔毛孔或者是痘痘肌膚，就能選擇這款溫和的酵素型。野梅杏仁味好香，只是小瓶了一點，想省著用，可以只用在鼻頭或下巴上。

教主獨門新法DIY

蕃茄潔淨面膜

材料：
蕃茄一個、白芨3錢、溫牛奶一盒

作法及用法：
將藥材研磨成粉，蕃茄搗成泥狀後一同均勻攪拌，敷抹於臉部，避開眼唇、髮際，八分乾後以溫牛奶洗淨，再以洗面乳清洗。

以上容易過敏者皆要注意！

白的比可愛的馬爾濟斯
還要白----美白面膜

斑點、曬黑、暗沈、泛黃、膚色不勻都要美白！

當教主抱著這隻可愛的小狗狗時，大家都說狗狗的毛好白喔！還開玩笑說教主也應該要比手上抱的瑪爾濟斯小狗還白！

在敷美白面膜前教主會先擦一層很薄的保濕產品，然後在想去斑的部位，加強美白去斑的精華液、再敷美白面膜。敷完後，在斑點加強處，再擦一次美白去斑的精華液並且仔細按摩，還可以把面膜剩餘的精華一起按摩進去。然後補水保濕，重複這個動作，一個月淡斑美白超有效，別忘了頸部也要抹喔！

有些美白面膜不含果酸類，比較溫和能天天敷。記得敷的時間一定不要超過20分鐘，否則皮膚會負擔太大。而現在美白的成分越來越豐富，一定要選用衛生署檢驗許可的成分才行。像熊果素Arbutin、對苯二酚、維他命A酸Retinoid Acid等，都是現在很熱門的成分。不過不論使用含何種成份的美白用品，如果防曬沒有做好，也是不行的喔！所以如果要保持住敷臉的功效，記得一定要天天防曬、常常敷臉。

而如果妳是因為曬傷反黑，想立

Part II Magic of Beauty

即白回來而要天天敷臉時，一定要記得曬傷後最重要的就是先補充水分，等水分修補完全後再來美白會更適合。尤其有些美白產品也許有特殊成分，對肌膚的刺激度可能很高，在曬傷後立即使用，可能反而會導致傷害，也浪費了面膜的功效。

而許多面膜雖然強調連續敷才會有好效果，但並沒有一種強調要天天敷的。很多美白面膜為了讓敷完之後的肌膚立即水白透亮，多少都會添加一些去角質的成分，來幫助老廢角質脫落，敷的人能立即有細緻亮白的感覺，譬如水楊酸就是其中一種常添加的成分。

這樣的成分並不適合天天敷用，如果天天都去角質，很容會使肌膚缺乏健康的角質屏障，失去自然的保護，並且降低對外界污染的抵禦能力，更何況讓去角質的成分在臉上天天停留20分鐘，對肌膚也是很有負擔的。

那麼到底該怎麼敷呢？一般來說，一星期裡有2天敷保濕，1天敷美白就足夠了，除非是肌膚在很受傷的狀況下，否則真的不需要太勤勞。不過現代人壓力大，工作也很疲累，如果要天天敷，可以在生理期後一週來做特殊保養，這個時期的皮膚超能吸收營養，如果要保濕又要美白，應該先敷美白才敷保濕，敷完後要立即補充滋潤型的乳霜，會更有功效。

要選擇適合自己的面膜，可以從成分、品牌、價格、口碑、各人喜好面膜的型態（紙製或泥狀或凝膠狀）等等來綜合考量，一定會找到喜歡的類型。

現在有許多美白面膜都多效合一，像有些會添加抗氧化成分以及干擾黑色素生成的維生素C、熊果素及麴酸等複方組合；也有為熟齡的人所設計的美白加抗老或抗皺的成分；也有美白面膜內含植物精油，還有些高營養的面膜，則是將精華液直接濃縮，就像立即補充好幾倍的營養。像教主代言的De Mon就是其中一種。到底該選用哪一種類型才適合自己？還是要多問多聽多試用，才是聰明的消費者喔！

全方位（暗沈、曬黑、泛黃都可以）—De Mon α 水亮柔白美肌凍膜

這款教主代言的面膜，教主真的超有自信的推薦！！！超有效！！！它在美白的同時，還能幫膚色勻潤，讓皮膚的光澤度也提高。

因為要代言，所以教主乖乖的敷了幾個月試用。我覺得最棒的是，敷過以後膚色不容易晦暗、反黑。不像有些面膜是敷完時很亮很白，但過一天就沒用了。可是這個面膜卻很深入、長效，當然妳不能敷完後亂曬。不過它幫助妳白皙以後，膚色很穩定，亮度也提高很多，搭配它的精華液使用，真的超神！！！

而且教主還有其它活用功能喔！這張果凍般滑透的面膜，其實是將一整罐的美白精華液利用獨家科技將液體固態化的凍膜。所以放在熱水裡就會融化成精華液呢！

教主通常是利用洗澡時間，等毛細孔蒸開了，先用De Mon美白精華液按摩，然後再用De Mon α 水亮柔白美肌凍膜敷臉。20分鐘敷完後，再用新出品的De Mon水亮柔白斑點修護素重點加強小雀斑及痘痘疤痕的部分，最後將取下的面膜放入裝熱水的水杓裡面，讓用不完的美白精華液溶化，然後等洗完澡後擦乾身體，再把這些美白水拍打在乾淨的身體肌膚上，讓全身同步亮白，一丁點也不會浪費。

因為是果凍狀，如果妳是屬於早上起來臉會水腫的人，把它放在冰箱裡冰，等

早上起來一邊美白一邊冰敷消腫，也是超適合！我真的沒看過這麼適合冰冰箱的材質，而且冰過的還是很服貼像假皮膚一樣。在夏天大太陽出外景前，我一定敷上一片，晚上洗澡繼續敷，日日夜夜不間斷！能獲得無限制的免費享用真是太、太、太幸福啦！！！！

教主愛用貨架展示

漢方（味道挑剔者）─Shu Uemura植村秀 3D淨透美白面膜

　　這款面膜是漢方成分，溫和清香。能安撫被紫外線傷害的肌膚。是屬於可以天天敷的長期溫和型。教主好喜歡它的漢方味道，睡前一邊看書一邊聞著淡淡的東方藥草味，彷彿感覺在坐禪般，身心安穩的上癮。

最奢華（熟齡、膚色暗沈）─La Mer海洋拉娜深層速效美白面膜組

　　這片新款只需要敷8分鐘的面膜，讓教主很疑惑它的功效，這麼有限的時間真的能白喔？先用附帶的一小罐舒壓抗炎的前導精華，然後再敷上面膜，敷完把剩下的精華液再抹上，乖乖的用了8分鐘，撕下來，發現皮膚亮晶晶耶！而且材質是純棉不容易過敏，在臉上很服貼，敷的時候因為是純棉的所以手溫很能穿透，別忘了一邊敷、一邊搓熱掌心按摩臉部，幫助精華液和面膜吸收。價格很貴婦。貴婦們在派對前一週，可以奢華一下連續敷，真的亮得可以反光。

牛奶肌（粗糙泛黃）—Olay歐蕾淨白保濕面膜

曬過以後若沒花心思處理，曬黑的部分會退，但如果沒退好，膚色就會變的很黃，膚質也很乾燥。這款面膜價位很便宜，精華液的含量卻相當多喔！教主特別喜愛攜帶去泡溫泉時使用，因為不會很快揮發乾掉，而且敷完以後皮膚很柔滑，我都會要身邊的人摸摸我的臉，自豪一下又白又嫩啦！

三合一超方便—永芳紅麴面膜

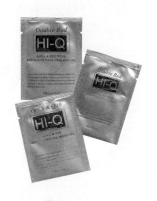

這款面膜是三合一的套裝，攜帶方便。裡面有去角質的凝露、紅酒多酚美白面膜及添加Q10的凝露面膜。能去角質、美白、抗老三合一，帶出國超方便。敷起來很溫和，對明亮度的提高很有效果。

平價超好用—Cosline士多啤梨(草莓)乳酪潔淨面膜

買的時候毫不起眼，但打開時就被它草莓的香味給吸引，敷完以後皮膚能感覺變白和光潔，以這樣的價位，效果超好，敷的時候一直有草莓水果的幸福感，男朋友在旁邊也能敷，只怕他會想吃妳一口。

教主獨門新法DIY

去痘美白敷
材料：綠豆、菊花、白附子、百芷各10克、冰片5g

作法及用法：將藥材研磨成粉攪拌，敷抹於臉部，避開眼唇、髮際，八分乾後洗淨。適合小花臉痘疤型的肌膚美白。

黃瓜美白清熱敷
材料：小黃瓜半條、白茯苓3錢、開水少許

作法及用法：將藥材研磨成粉，小黃瓜加水打成泥狀與藥材攪拌，敷抹於臉部，避開眼唇、髮際，八分乾後洗淨。適合夏天能清熱、鎮靜、收斂的美白面膜。

蘆薈保濕美白敷
材料：蘆薈一片、蛋白半個、百芷3錢

作法及用法：將藥材研磨成粉，與蘆薈汁及蛋白攪拌均勻，敷抹於臉部，避開眼唇、髮際，八分乾後洗淨。適合美白、保濕及恢復肌膚彈性使用。

消腫菊花敷
材料：麥冬、茯苓各3錢、蜂蜜兩湯匙、開水10cc

作法及用法：將藥材研磨成粉，與蜂蜜及開水攪拌均勻，敷抹於臉部，避開眼唇、髮際，八分乾後洗淨。適合美白、清潔毛孔及消除肌膚暗沈使用。

以上容易過敏者皆要注意！

臉上沒有小沙漠 皮膚不會長仙人掌----保濕面膜

好乾、好油都要保溼水噹噹

　　保濕是所有基礎保養中最重要的喔！做好了保濕，就像身體有抵抗力的道理是一樣的。如果妳皮膚很油，有時候可能是因為皮膚表面的水份不夠，毛孔才會大量分泌油脂。

　　有些乾性皮膚的美眉長痘痘時，會儘量不擦太油的保養品，還一直控油。這時肌膚反而會吶喊說：「我要水！我要水！給我水！」然後就會讓油脂分泌來補充表面的不足。所以一定要注意臉部的油水平衡。不管皮膚多油都要注重保濕喔！只是在使用的時候要注意，不要使用太厚重的乳霜，避免毛細孔阻塞。

　　原本就是缺水乾性皮膚的人，也不能只是拼命擦乳霜。平常除了喝水，還要吃一點含有油脂的食物，才能保持皮膚的油脂充足。可不能為了怕胖，一點點油也不吃。

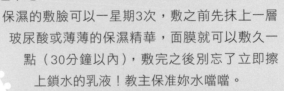

　　保濕的敷臉可以一星期3次，敷之前先抹上一層玻尿酸或薄薄的保濕精華，面膜就可以敷久一點（30分鐘以內），敷完之後別忘了立即擦上鎖水的乳液！教主保准妳水噹噹。

　　一般的保濕商品多半只會覆蓋於肌膚上幾小時，然後發揮滋潤肌膚的效果，若是如此，似乎對肌膚的老化問題，也就是皺紋和鬆弛的產生，無法發揮抑制效果！除非妳的保濕乳霜上有進一步具有過濾UVA、UVB等防曬功能，並且包含了多種抗氧化的成分，以對抗自由基的傷害，不妨檢視一下手邊的產品有沒有標示

有：維他命C、E、Beta-Carotene、白茶、綠茶或橄欖多酚、大豆異黃酮等，預防皺紋生成的效果將會明顯。

教主愛用貨架展示

紙狀面膜

水噹噹─Biotherm碧兒泉水元素精華面膜

　純粹的保濕面膜，沒有其它複雜的功能，不會太濕太黏。尤其適合飛機上。但是建議上飛機後3~4小時才開始敷，因為艙壓、空氣乾燥是慢慢吸掉皮膚表面濕度的。所剛上飛機時還不需要喔。

　還要注意，在飛機上要比一般敷臉時間少10鐘，因為飛機上面膜乾的更快！

　現在只要飛到異國，我會從最溫和的保濕開始。千萬不要帶新的保養品到國外嘗試，在國外過敏可是無人求救的！這款用完立刻有感覺喔！

瑪迪芙保加利亞玫瑰保濕緊緻面膜

　教主在寫這本書的時候，有好多次都是敷著這款面膜的喔！一打開就能聞到好香的玫瑰味，裡面的精華素超多，敷起來很服貼，而且味道實在太香，一邊敷一邊就感覺好放鬆，敷完後的效果超棒，而且保濕的時間持續很長，除了水分飽滿，緊實度也大大的增加，現在已經是教主的新寵了！喜歡玫瑰製品的人，一定不可以錯過喔。

膏狀面膜

L'occitane歐舒丹蜂蜜節柔潤面膜
L'occitane歐舒丹乳油木果保濕柔膚面膜

　　如果妳是一個每天都想敷臉的人，又怕寵壞妳的皮膚，教主熱切推薦！教主的化妝師小惠在上海工作時，不適應當地水質，皮膚敏感、脫皮、乾燥的不能擦任何保養品，我就拿出這兩樣！價格便宜！大罐！溫和！天天敷也不會有負擔。皮膚需要加強基礎保濕時，又可以比精華液添加多一點營養。洗澡時用蜂蜜節柔潤面膜，光是味道就超放鬆。睡覺時再用乳油木果保濕柔膚面膜，它可以直接敷著不需洗掉喔。

敏感肌保濕─聖泉薇乾癢保濕面膜

　　推薦給超敏感、乾性掉皮或油性冒痘的人。除了保濕還能舒緩。有時候肌膚無法再負擔任何保養品時，會自動發出警訊呼喊：「不要再給我營養了！我需要休息！」但保濕又絕不可懈怠時，這款面膜，就像皮膚的鎮魂歌，可以安定皮膚，告訴皮膚！休息吧！休息吧！讓皮膚敏感的狀況slow down下來。

五分鐘快速─SK-II瞬效激活水面膜

　　教主是一個寧可少睡一小時也要天天泡澡的人。而每一次洗澡都會在半途時敷上這個產品。敷完皮膚的亮澤、保濕度都很明顯增加。

　　因為泡澡到一半時，毛細孔都已經張開，更有助高濃度的Pitera放到皮膚裡，。有一陣子我拍戲回家，累到只想睡覺，沒時間又泡澡又敷面膜，就一邊洗一邊敷，因為敷的時間可以很短，所以我當時天天都用。是效果非常好的洗澡用保濕面膜。

柔細保水—TSC蠶絲蛋白水凝膜

　　真的很像蠶絲般的薄透，敷在臉上好舒服，洗完後臉立刻滑滑的，臉部肌膚也變柔軟，天天敷也沒負擔，可以冰在冰箱裡喔。

長效鎖水—Uriage優麗雅24小時保濕面膜

　　可以不用水洗，曬後乾燥的皮膚超適合，能保濕一整天，在晚上最後一道程序使用後可以直接入睡，皮膚過敏發乾時也很適合，熬夜在冷氣房裡常打電腦的人最適合。

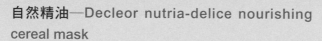

自然精油—Decleor nutria-delice nourishing cereal mask

　　打開來聞就有SPA的味道，敷完除了保濕，皮膚也會柔軟，喜歡自然派的人，或者像教主偶爾想遠離生化科技保養品時，就會使用它。

果味濃厚—手創館Sony CP芒果深層滋潤面膜

　　水果味好濃，好像給皮膚喝果汁，使用非洲芒果提煉還加了玻尿酸，用完後有黏黏的濕度，臉上會有香味停留，一邊看書一邊舒壓一邊保濕，有戀愛的幸福感喔。

送媽媽的好禮物──手創館Kanebo Evita皇家精緻面膜

　　強調是給五十歲以上的肌膚使用，但卻不貴。很棒的是連眼睛都能一起敷，在眼部特地加強了兩層面膜，讓熟齡的乾燥眼部能被特別滋潤。當然不一定要50歲才能用，如果懶得敷眼膜又敷面膜就可以嘗試，保濕效果不錯喔。

教主獨門新法DIY

香蕉保濕面膜

材料： 1/2條香蕉、蜂蜜一湯匙、白芷3錢、開水、溫牛奶一盒

作法及用法： 將藥材研磨成粉，香蕉搗成泥狀後一同均勻攪拌，敷抹於臉部，避開眼唇、髮際，八分乾後以溫牛奶洗淨，再以洗面乳清洗。也可以用酪梨取代香蕉，能美白、保濕、增加彈性。

牛奶美白敷

材料： 白茯苓20克、溫牛奶一盒

作法及用法： 將藥材研磨成粉加半盒牛奶後一同均勻攪拌，敷抹於臉部，避開眼唇、髮際，八分乾後以以剩下的溫牛奶洗淨，再以洗面乳清洗。適合天氣乾冷時使用。

以上容易過敏者皆要注意！

 ## 面膜百寶箱

台灣面膜市場有多大？說出來很嚇人，粗步估計，台灣一年約可以消耗1億2千萬片！

這個數字還不包括凝膠和泥膏型面膜，「敷面膜」幾乎成了台灣女人的全民運動。而我們每一個人也都是這個數子的貢獻者喔！除了保濕、美白，當然面膜的功能還有各式各樣，這裡介紹的都是教主混著使用的壓箱寶喔！對於肌膚有各式需求的人，一定要乖乖的分門別類，按需求使用啊！

一般敷臉會選擇使用各種功效的面膜或礦物泥膏，但業者為了強調面膜立即見效的功能，所以常常會添加強效的介面活性劑或過量果酸，來做強效的訴求，使用完後會覺得皮膚變滑變亮，而其實充滿化學藥劑的保養品，會使皮膚愈來愈敏感，或在長期使用下造成傷害！消費者之間存在一種迷思，天天敷臉或敷著面膜睡覺，會使肌膚愈來愈好，其實這是錯誤的觀念！長時間的敷臉會使皮膚愈敷愈乾，或是保濕過度，也會使皮膚變得敏感脆弱。最常看到的錯誤習慣是敷著睡著了，面膜由濕變乾，帶走了皮膚的水份，再有效的保濕面膜，這樣子錯用，皮膚都會愈敷愈乾。

正確的用法應該是敷臉15到20分鐘，就應該卸除面膜。敷臉一週1-2次即可，碰到秋季皮膚特別乾燥，可以敷臉保濕救急，集中連敷四、五天，然而再恢復正常的使用頻率。在敷臉前，臉部應滋潤，否則乾敷易刺激皮膚，在敷臉過程中，如覺臉部刺激，最好把臉洗淨，不要再敷了；如果皮膚有疾病，例如過敏、發炎，避免刺激，要等到治癒才可敷臉。

教主超級寵愛－寵愛之名 亮白淨化生物纖維面膜

　　這款「寵愛之名亮白淨化生物纖維面膜」是醫學美容界與演藝圈盛名已久的美白面膜，每個用過的人都會迷上它的效果。像大S、牛爾等都在他們的書裡推薦，而教主當然也不列外，因為實在是太好用了！是藝人化妝包的必備品。它材質很特別，是全球首創的生物纖維面膜，跟一般不織布不同，可以跟肌膚做百分之百的貼合，就算敷著運動，也完全不會掉下來。

　　　　和其他廠牌生物纖維面膜比起來，寵愛之名是第一家推出這種材質的喔！上市以來，就受到眾多知名皮膚科醫師跟藝人的推薦，還擁有默克藥廠代理的三大亮白、抗皺專利的光環，敷一片面膜就具有一次「類離子導入」的效果。

　　　　教主會在上妝或正式場合前敷，因為它的立即效果很好，而且只要敷20分鐘，就好像剛做完臉！敷一次即可維持一週的亮度，比較成份與效果，價錢也算超級划算。而敷完後皮膚明顯的立即變的又白又亮，而且不是沒有生氣的白色，而是有白亮光采的感覺，像拍照打燈光一樣，可以感覺是從肌膚底層透出來的亮澤度，兩頰還會呈現淡淡的粉紅色。男朋友在的時候超適合敷，敷完讓他摸一下感覺很柔軟細緻也很有彈性，而且就算素著臉，也好像有化妝一樣，氣色超好！取下面膜後，還會發現臉部肌膚的紋路直接烙印在面膜上，可見它的服貼密合度。精華液很充足，就算整臉敷完，還是有剩餘的，可以拿來塗抹頸部與身體肌膚，也有美白的效果喔！超級推薦。

全方位速效 ─Dr. Wu電導修護面膜

　　　　真的推薦妳趕快用用看，因為用完的感覺會告訴妳多好用，根本沒辦法多介紹，緊緻、光澤、保濕度，全部都能瞬間提高，因為精華油成分很豐富，可以敷30分鐘都不乾，出國沒帶它超沒安全感！

肌膚充電 —Chantecaille jasmine and lily Healing mask 香緹卡

　　純粹的花朵粹取，讓皮膚在疲憊的時候充電、放鬆、提高抵抗力，好多圈內女星在使用，冬天太乾燥時還可以加兩滴玫瑰精油按摩，然後再敷15分鐘，皮膚能立刻感覺生機，化妝前也很適合。！

拉提第一名—The Organic Pharmacy Collagen Boost Mask

　　它的質地很有趣，幾乎是水狀的，還帶著一點柑橘的味道，薄薄的敷在臉上5分鐘後就能感覺臉部拉緊，15分鐘後會乾乾的貼在臉上，洗淨後能立刻感覺皮膚緊緻，教主已經用了好幾罐，愛不釋手大獎。

緊緻 —Clarins克蘭詩新生緊膚面膜

　　這是支很溫和的面膜，可以全臉使用。以往敷臉時要避開的眼睛、唇周，但它卻全都可以敷，而且保濕外還能緊實。教主建議可以在洗澡前先塗上，進去浴室後先沖脖子以下的肌膚，藉由高溫水氣讓毛孔張開漸進式的被吸收，如果要特效，沖洗後還能再敷另一種紙狀面膜，給超乾皮膚雙重加水。

夏日超清爽（油性肌膚）—Silk Whitiau尤加利香薰面膜

　　台灣氣候悶熱，這款面膜很適合混合與油性肌的女生。尤加利能消炎鎮靜痘痘的肌膚，價格和質地都很適合年輕族群。

平價高效果 —廣源良多味薏仁、綠豆敷面粉

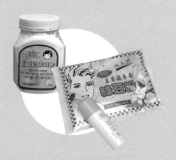

　　便宜又好用的第一名！還可以全身敷。調濃一點能去角質，淡一點能保濕美白。尤其曬後的皮膚，可以多用一點菜瓜水，再加上敷面紙一起敷，效果更好，記得避開眼、唇等部位喔，教主出國必備。

更新老化 —Valmont renewing pask cellular anti-stress face treatment

　　好萊塢女星人手一罐，價位比較貴婦，但用過後就捨不得放手。能讓暗沈、老化的皮膚，有被更新的感覺，敷起來有清涼感，好像在做皮膚的有氧運動。

抗老紅酒 —康普紅酒面膜

　　紅酒面膜一直很受歡迎，市面上種類也好多，這款便宜好用，紅酒的抗氧化功能超強，如果妳的皮膚有老化現象，一週2次是基礎保養的一部份喔。

小臉緊實 —Estee Lauder彈性煥顏緊膚面膜

因為熬夜，臉常常水腫，教主習慣把這支面膜冰在冰箱，然後早上起床臉腫時，先用熱毛巾溫敷後抹上，幾乎馬上就有緊緻感，敷的時候不要小氣，要厚一點，塗抹的時候還可以先按摩增加效果喔。

初乳溫和營養 —Turu Turu茵普乳木果初乳柔化面膜

就像給皮膚喝初乳乳清一般，皮膚能獲得營養。教主剛買時只想試試，沒想到效果超好喔，皮膚變的好嫩好嫩，也能提高皮膚的免疫力，當其他女演員都熬夜熬的皮膚開花時，只有教主有好的抵抗力讓皮膚不生病，不妨試試喔。

立刻年輕 —Chlitina克麗緹娜經典離子面膜

奇妙的面膜，安瓶很保鮮，可以倒出來在面膜的袋子裡，好好讓它浸透均勻，然後取出來敷在臉上，面膜紙上有負離子，能讓皮膚馬上做森林浴，第一次用完後就超喜歡，現在太累、感覺臉部垮垮的就馬上使用。

瘦臉拉提 —Estebel細緻塑型面膜

用完能立刻感覺臉部拉緊，最好先按摩穴道，然後敷臉，敷完再用冰的小罐保特瓶在臉上按摩，臉部緊緻度會立即提高，熟齡肌一週一定要做一次的功課。

T、U字部位分門別類 ─T.S.C T&U活膚面膜

　　混和肌膚超好用，面膜分T及U字部兩張分開包裝，T字部強調美白毛孔調油，U字部強調緊實，敷完後不用清洗，稍微按摩，要勤勞的用才能有效果喔。

教主獨門新法DIY

紅通通面膜
材料：
1/3紅蘿蔔、5～10滴橄欖油、白薇3錢、温牛奶一盒

作法及用法：
將藥材研磨成粉，紅蘿蔔搗成泥狀後與橄欖油一同均勻攪拌，敷抹於臉部，避開眼唇、髮際，八分乾後以温牛奶洗淨，再以洗面乳清洗。能讓肌膚白裡透紅、防止老化。

以上容易過敏者皆要注意！

眼睛魔術師----眼膜

教主真的認為，如果沒有眼膜，這世界會少了一半的電眼美女！

眼周雖然天天都在擦保養品，但是還是有很多需要急救或深層保養的狀況。所以教主每年週年慶買眼膜都是幾打幾打的買，而且天天隨身攜帶，能敷就敷，絕不讓眼周老化。記得敷眼膜時可以先按摩，然後溫敷3分鐘促進血液循環，眼膜敷上後約10分鐘，可以用兩手的掌心揉搓，然後按壓在眼膜上加強吸收，敷的時間一定不能太長，眼膜取下後要立即擦上眼霜保濕，這樣才算大功告成喔！

眼膜的3大功能

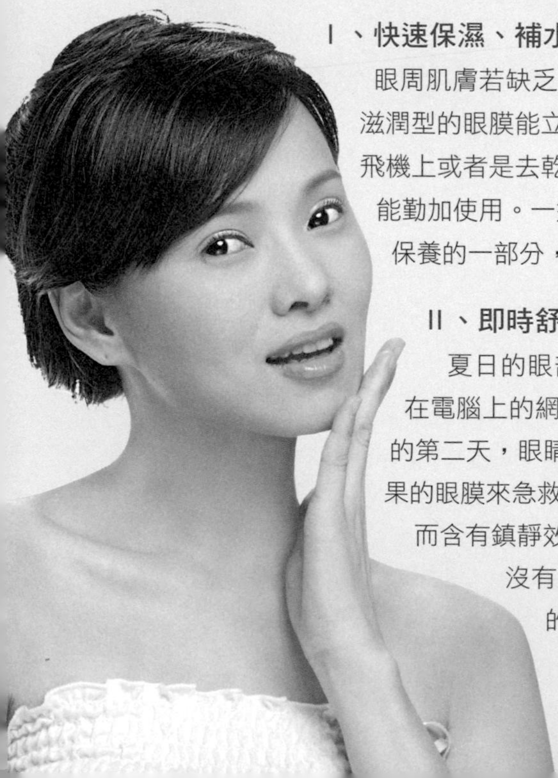

Ⅰ、快速保濕、補水

眼周肌膚若缺乏水分，很容易產生細紋，而使用保水、滋潤型的眼膜能立即為流失水分的眼部肌膚補充水分。像飛機上或者是去乾燥的國家，以及熬夜後的肌膚，最好都能勤加使用。一週定期的使用最少2次，最好當作是基礎保養的一部分，通常使用的材質都是不織布。

Ⅱ、即時舒緩

夏日的眼部肌膚曝曬的機會增加，而長期喜歡掛在電腦上的網ㄎㄚ族眼部疲勞時也會有灼熱感；大哭的第二天，眼睛乾澀、眼周缺水浮腫，都需要有鎮靜效果的眼膜來急救。

而含有鎮靜效果的眼膜大多是果凍或凝膠式的。就算沒有經過冰鎮，但觸感還是很清涼，能柔軟的服貼在眼周皮膚上幾乎沒有縫隙。有

些添加薄荷成分，在嗅覺及使用上都讓人感覺到心靈放鬆，使眼部發熱的肌膚得到舒緩。

III、加強吸收營養

營養型眼膜含有各種更豐富的營養成分，尤其是針對抗老、緊緻、拉提等，成分更是越來越多樣化。含有特殊營養成分的眼膜能快速的補充養分並修補受損的眼部，有些還有溫熱感能加強促進血液循環。

有許多則是針對不同的眼部需要而設計，如淡化黑眼圈、防止眼皮下垂、加強緊實感等等，觀察自己的特別需要，在基礎的保養眼膜以外搭配使用，急救時還可以連敷五天，幫助急速改善，但不宜常常這麼做。

質材較多變化，但很多都另外配有安瓶或精華液搭配，價位也較高。

教主叮嚀妹妹們一些使用眼膜的聰明方法。記得眼膜敷到七、八分乾時最好就要取下來，以免反效果帶走眼周肌膚的水分。

一定要徹底清潔臉部後才使用眼膜，熱敷一下，保養成分更容易被吸收。眼膜包裝裡多餘的精華液不要浪費，可以塗抹在抬頭紋或八字紋等地方。夏天可以將眼膜放進冰箱裡冰鎮，起床後雙眼浮腫時，冰涼消腫又能立即喚醒沈睡大腦。

而大部分的眼膜因含有比一般眼霜多好幾倍養分的精華，教主建議妹妹們還是不要天天使用。

敷眼膜的黃金時間

睡前敷用時先擦上一層薄薄的眼部精華素，千萬不要敷到睡著，能幫助更好吸收。生理期後一周，是體內雌激素分泌旺盛的時期，此時敷眼膜的效果會加倍。運動、洗三溫暖或泡澡等發汗後，身體的新陳代謝會加快，而體溫也比較高，此時吸收能力也會加倍，所以教主最喜歡一邊洗澡一邊敷臉喔！

教主愛用貨架展示

防細紋—資生堂REVITAL 除皺精華眼膜AA

　　如果要去無人島生活，只能帶一樣保養品，不誇張，教主第一個選它！維他命A對細紋超有效，忙的時候幾乎天天用，不建議白天使用，晚上睡前最好，敷15分鐘後，效果明顯，若是太累或曬太陽缺水的乾紋，能立即看到效果，法令紋也能用，教主的最愛！！！

年輕平價—Betty Boop完美修護眼膜

　　從20歲開始，就可以有一週一次敷眼膜的習慣喔。剛開始敷眼膜，不適合滋養成分太高的產品，這款為年輕眼周設計的眼膜，就很適合，幫助眼周不疲累，吸收保養品更有功效！

抗老—La Colline 活細胞青春膠原眼膜

　　敷前共分三個步驟，雖然耗時，但很有寵愛自己的感覺。而且抗老化效果超好，敷完立即有感覺，內附的按摩圖也是教主的最愛，按摩後敷，敷完後擦上附加的眼膠，超好吸收，每個月一次的眼睛與身心的假期。

Part of

Magic of Beauty

超神奇去皺—Estee Lauder 瞬間無痕胜肽眼膜

　　敷上去之後能感覺到小小的電流般，有微微的熱度，熱度會持續到敷完，神奇的是敷完能立刻發現有皺紋的地方，好像被電熨斗熨過一般平順，功效超神奇，不過教主的眼週還很健康，因此一個月只用一次，建議送給自己的長輩們，真的很好用。

彈性—Valmont Eye Regenetating Mask

　　百分之百的膠原蛋白，能緊緻保持眼周彈性，先噴好水分再貼上眼膜，敷上去約40分鐘才取下，眼周失去彈性很容易下垂或變成眼袋，在疲憊的時候緊急護理，眼周一定是預防大於治療喔。

修復—Awake Eye Concentrate Mask

　　眼周疲憊時需要修復眼周的肌膚，這一款眼霜很溫和，先將乳液狀的眼睛乳液倒在圓盒裡，均勻的混合，然後一片一片取出來使用，注意置放時間不可太長，也不適合冰在冰箱裡，敷完後眼周有亮度，化妝前適用，敷20分鐘即可。

眼袋妹最適合—Biolyn水份緊緻膠原眼膜

雖然是眼膜但精華液超多,教主貼好下眼周,袋內剩下的還可以拿來擦全臉,布狀的眼膜片很貼眼瞼,貼起來也很舒適,感覺很保濕,對於下眼袋循環不良的人,可以一邊敷一邊輕輕按摩,也不怕乾。

暗沈—SK-II全效活膚眼膜

暗沈的眼周最適合,敷完就有明亮感,而且很清爽沒負擔,不限年齡都可以使用,一週一次的好習慣。

便宜好效果—手創館 Q10酵素活力緊緻亮白眼膜

真的很好用,而且太便宜了!圈內女星人手一片,添加玻尿酸、Q10、膠原蛋白,卻是超級平價,對於乾燥的預防效果最好!

冰鎮保水—登琪爾OR － Revitalizing Hydrogel echnology Eye Mask

果凍狀超大片,取出來就像眼罩一樣,冰在冰箱裡取出來後冰敷最適合,氣味比較濃厚,有一點媽媽雪花膏的味道,因為沒辦法張開眼睛,可以強迫忙碌的現代人閉目休息30分鐘,最好的居家DIY眼部SPA。

國家圖書館出版品預行編目資料

美麗教主之變臉天書/伊能靜作
初版--臺北市 ： 趨勢文化出版.2006〔民95〕
面 ； 公分--（Princess ； 1）

ISBN 978-986-82606-0-3（平裝）
1. 皮膚 - 保養 2.美容

424.3　　　　　　　　　　95015787

Princess 01

作　　者— 伊能靜
發 行 人— 馮淑婉
總 策 劃— 伊能靜
媒體督導— 任月琴
行銷經理— 黃曉明
行銷協力— 林興孟、劉靜
出版發行— 趨勢文化出版有限公司
　　　　　台北市光復南路280巷23號4樓
　　　　　電話◎8771-6611 傳真◎2776-1115

文字協力— 李玟‧陳若霞
統籌協力— 任月琴‧蕭仔君‧吳雅甄
原創設計— 陳瑩璇
封面設計— 陳佳琳
美術設計— 虞敬暉‧邵燕妮‧周木助‧Mavis
校　　對— 阿奇文房
攝　　影— 蘇益良‧黃建昌‧好普音樂有限公司提供
化　　粧— 李虹萱
髮　　型— AKIN

初版一刷日期— 2006年8月底
總經銷 — 貞德圖書事業有限公司 www.jen-der.com.tw
法律顧問— 永然聯合法律事務所
Printed in Taiwan 有著作權 翻印必究
如有破損或裝禎錯誤，請寄回本社更換
讀者服務電話◎8771-6611#55 行銷部
ISBN◎13：978-986-82606-0-3 （平裝）
　　　 10：986-82606-0-4 （平裝）
本書訂價◎新台幣 299元

只要菁英!

一個要求完美的、只想出版有趣的好書的出版社
趨勢文化 有雜誌 有書 有MOOK 有周邊小玩具
這裡有一些能文能武的角色當你同事
有美麗的辦公室風景讓你沉澱心靈
有電視給你消遣抒壓 有流行服飾店讓你敗家
工作煩了膩了 就到樓下逛逛走走 喝杯咖啡再回家

我們想維持一定的辦公室良好生態
不想找一堆人吵吵鬧鬧
所以只想找真正有工作企圖心的伙伴
希望其中一個人是你

A. 企劃編輯專家----每天像獵犬一樣嗅聞出可能出版的好點子、喜歡東想西想、不怕提案被打槍;什麼都有興趣、什麼都管、什麼都不怕。能提案、能發包、能挽起袖子當編輯把夢想生出來。

B. 編輯檯超強主管----喜歡文字、喜歡書、喜歡雜誌、喜歡吹毛求疵把作品改到最好。喜歡左手編勵志文學、右手搞時尚雜誌;覺得自己什麼都懂一點,就是比別人酷。在編輯檯上稱王稱霸、胡作非為,超正!

C. 超猛行銷主管----熱愛接觸媒體、各類廠商和知名作者,滿腦子都是"補身又明目"的合作案大補帖!喜歡牽線談專案、喜歡自己的工作領域橫跨媒體、企業、通路、作者、廣告、公關…等業界,喜歡吸收新知、行動力強!

D. 編輯助理----心思細膩、耳聰目明,喜歡當個小管家婆、樂於與文字公為伍。

E. 特約文編、特約記者、特約美編、特約美容編輯----想發揮專長多賺點外快?這裡有許多外包案,歡迎洽詢。

應徵方式很簡單:

1. 請寫下你的特色和特長、最好附上一張照片。用一般履歷格式即可,但特色部分請用心填寫。

2. 不限年齡、學歷、經歷,我們要的是"有為者",而不是樣板上班族。

3. 來函可以寄:selena@win-wind.com.tw 或是: 台北市光復南路280巷23號4樓
   趨勢文化 鄭小姐收

GRACE

瘦美人

VOL.01
創刊號
2006 August

一本雜誌＝$看診3次的效果

創刊特價99

減肥名醫
楊名權
獨家提供

完全管他去死
隨便吃、隨時吃、不限量飲食法

吃多瘦更多！
1天外食 一天自己煮 一天吃輔助營養品
27樣選擇 81種變化
1個月至少瘦4-10 KG!

吃火鍋配糯米醋●怎麼吃都不胖
獨創伊氏運動法●不隨便洗澡

伊能靜
獨創「伊氏聰明瘦身法」
的美麗教主

5大罪惡食物
想瘦？那就死都不要碰
反式油、精緻糖、Omega6不飽和油、
精緻澱粉、長鏈飽和油

10大幸福食物
隨便吃不發胖
無糖的茶、高纖蔬菜、富含W3的油、
低油高蛋白質、低醣水果、豆製品…

去死吧！肥肉團
gone with fa
絕對要你瘦 超強DNA飲食
7天內轉變你的能
快速提高代謝率1

男人最想搭訕
性感名模─林葦
維持美麗能量的28個小秘

趨勢文化
出版·有限·公司

三大瘦身美容通路
54種當紅暢銷品大募集
Top Selling Slimming Product
──康是美、屈臣氏、楊氏全人健康

4712477254539 08

GRACE

瘦美人

一本雜誌＝＄看診3次的效果

VOL.01
創刊號
2006 August

去死吧，肥肉團！
gone with fat!!

絕對要你瘦 超強DNA飲食法大公開
基礎體溫測代謝快慢　臍溫測體質類型

楊氏超懶 "麵龜族" 獨門瘦身運動
耍懶式Layback Style、折疊式Fold up Style、
弓箭式Archer Style、大地式Bottoms up Style

5大罪惡食物 想瘦？那就死都不要碰
式油、精緻糖、Omega6不飽和油、精緻澱粉、長鏈飽和油

10大幸福食物 隨便吃不發胖
糖的茶、高纖蔬菜、富含W3的油、低油高蛋白質、低醣水果、豆製品…

吃火鍋配糯米醋●怎麼吃都不胖
獨創伊氏運動法●不隨便洗澡

伊能靜
獨創 "伊氏聰明瘦身法"
的美麗教主

今夏最厂尤!

五種瘦身
醫學美容療程

減肥名醫楊名權 獨家提供
PMC體質飲食
黃金組合大公開
The Golden Combo
3大體質●3種選擇●9種搭配●27道料理●一次讓你瘦個夠